高等院校应用型本科规划教材

工程制图与CAD

刘　晶　主编

华东理工大学出版社
EAST CHINA UNIVERSITY OF SCIENCE AND TECHNOLOGY PRESS

·上海·

图书在版编目(CIP)数据

工程制图与CAD / 刘晶主编. —上海:华东理工大
学出版社,2022.3
ISBN 978 - 7 - 5628 - 6797 - 5

Ⅰ.①工… Ⅱ.①刘… Ⅲ.①工程制图- AutoCAD 软
件 Ⅳ.①TB237

中国版本图书馆 CIP 数据核字(2022)第 057875 号

内 容 提 要

本书由制图基础知识、投影基础、立体及交线、组合体、轴测图、图样的常用表达方法、常用机件的表示法、零件图、装配图、计算机二维绘图以及计算机三维建模组成,全书共 11 章,每章附有思考题。本书在传统工程制图内容基础上,削减了画法几何部分的内容。考虑到先进成图技术的迅速发展和工程实际需要,本书介绍了 AutoCAD 绘图软件和 Unigraphics NX 三维造型软件的应用。

本书可作为高等学校非机械类专业的课程教材,适合少学时教学使用,也可作为相关工程技术人员的参考书。

策划编辑/ 吴蒙蒙

责任编辑/ 陈 涵

责任校对/ 陈婉毓

装帧设计/ 徐 蓉

出版发行/ 华东理工大学出版社有限公司

　　　　地　址:上海市梅陇路 130 号,200237

　　　　电　话:021-64250306

　　　　网　址:www. ecustpress. cn

　　　　邮　箱:zongbianban@ecustpress. cn

印　刷/ 上海展强印刷有限公司

开　本/ 787mm×1092mm　1/16

印　张/ 13

字　数/ 308 千字

版　次/ 2022 年 3 月第 1 版

印　次/ 2022 年 3 月第 1 次

定　价/ 48.00 元

前　　言

在高等教育工科人才培养中,工程制图是一门重要的工科基础课程,同时与工程实际密切联系。它服务于机械制造、电子、轻工、食品及资源环境等多个行业。本课程的主要教学目的是培养具有良好的空间想象能力、图形表达能力和图形阅读能力的高素质应用型工程人才;主要教学任务是培养学生的综合素质,使其掌握科学思维方法,养成严谨的工作作风,具备工程意识和创新意识。本课程的学习可以为后续专业课程奠定基础。

本书根据教育部工程图学教学指导委员会制定的《普通高等院校工程图学课程教学基本要求》编写,适用于高等院校非机械类少学时课程。为了更好地处理传统工程图学内容与先进成图技术的关系、理论与实践并重的关系、形象思维能力与创新意识的关系,本书在编写过程中有如下特点:

(1) 精炼工程图学理论,弱化传统的画法几何内容,重点突出。

(2) 注重读图能力和绘图能力的培养。

(3) 注重应用技能的培养。计算机技术和先进成图技术快速发展,为了培养学生的计算机三维形体建模能力,提升学生的工程实践能力,强化培养学生的工程能力和创新能力,简要介绍了先进成图软件的应用,将课程的理论内容与三维建模设计的实践内容相结合。

(4) 采用最新的国家标准。

本书各章内容相对独立,教师在授课过程中,可以根据不同专业的课程需求和学时数对内容及顺序进行调整。

本书在编写过程中,参考了相关教材和标准,在此向相关作者一并感谢。

限于编者水平,书中难免有错误或疏漏,敬请广大读者批评指正并对改进本书提出宝贵意见!

编　者

2021 年 9 月

目　　录

第 1 章　制图基本知识 ……………………………………………………… （1）

　　1.1　常用绘图工具 ………………………………………………………… （1）

　　1.2　国家标准规定 ………………………………………………………… （3）

　　1.3　几何制图 …………………………………………………………… （11）

第 2 章　投影基础 ………………………………………………………… （16）

　　2.1　投影的基本概念 ……………………………………………………… （16）

　　2.2　正投影的投影特性 …………………………………………………… （16）

　　2.3　多面投影体系 ………………………………………………………… （17）

　　2.4　基本几何元素的投影 ………………………………………………… （19）

第 3 章　立体及交线 ……………………………………………………… （30）

　　3.1　平面立体 ……………………………………………………………… （30）

　　3.2　曲面立体 ……………………………………………………………… （31）

　　3.3　平面与立体相交 ……………………………………………………… （33）

　　3.4　立体与立体相交 ……………………………………………………… （41）

第 4 章　组合体 …………………………………………………………… （49）

　　4.1　组合体的组合方式 …………………………………………………… （49）

　　4.2　组合体的绘图方法 …………………………………………………… （50）

　　4.3　组合体视图的尺寸标注 ……………………………………………… （52）

　　4.4　组合体读图 …………………………………………………………… （54）

　　4.5　由两个视图补画第三视图 …………………………………………… （59）

第 5 章　轴测图 …………………………………………………………… （63）

　　5.1　轴测图的形成及投影特性 …………………………………………… （63）

　　5.2　正等轴测图 …………………………………………………………… （64）

　　5.3　斜二等轴测图 ………………………………………………………… （67）

第 6 章　图样的常用表达方法 …………………………………………… （70）

　　6.1　视　图 ………………………………………………………………… （70）

6.2　剖视图 ……………………………………………………… (72)

6.3　断面图 ……………………………………………………… (81)

6.4　局部放大图 ………………………………………………… (82)

6.5　简化画法 …………………………………………………… (82)

6.6　图样的表达方法应用 ……………………………………… (85)

第 7 章　常用机件的表示法 ……………………………………… (87)

7.1　螺　纹 ……………………………………………………… (87)

7.2　螺纹紧固件 ………………………………………………… (92)

7.3　齿　轮 ……………………………………………………… (96)

7.4　销 …………………………………………………………… (99)

7.5　键 …………………………………………………………… (99)

7.6　滚动轴承 …………………………………………………… (100)

7.7　弹　簧 ……………………………………………………… (102)

第 8 章　零件图 ………………………………………………… (105)

8.1　零件图的内容 ……………………………………………… (105)

8.2　零件图的视图选择 ………………………………………… (105)

8.3　几种典型零件的表达方案 ………………………………… (106)

8.4　零件图的尺寸标注 ………………………………………… (111)

8.5　零件图的技术要求 ………………………………………… (114)

8.6　零件上常见的工艺结构 …………………………………… (123)

8.7　零件图的阅读 ……………………………………………… (125)

第 9 章　装配图 ………………………………………………… (128)

9.1　装配图的内容 ……………………………………………… (128)

9.2　装配关系的表达方法 ……………………………………… (128)

9.3　装配结构的合理性 ………………………………………… (130)

9.4　装配图的尺寸标注 ………………………………………… (132)

9.5　装配图的序号和明细栏 …………………………………… (132)

9.6　装配图的绘制 ……………………………………………… (134)

9.7　装配图的阅读 ……………………………………………… (143)

第 10 章　计算机二维绘图 ……………………………………… (145)

10.1　软件简介 ………………………………………………… (145)

10.2　图　层 …………………………………………………… (149)

10.3　图形绘制 ……………………………………………………… (149)

10.4　图形编辑 ……………………………………………………… (151)

10.5　文字注写 ……………………………………………………… (154)

10.6　尺寸标注 ……………………………………………………… (155)

10.7　图案填充 ……………………………………………………… (158)

10.8　块的属性、创建和插入 ……………………………………… (159)

10.9　应用举例 ……………………………………………………… (160)

第 11 章　计算机三维建模 ……………………………………… (164)

11.1　软件环境 ……………………………………………………… (164)

11.2　观察视图 ……………………………………………………… (166)

11.3　常用工具 ……………………………………………………… (167)

11.4　草　图 ………………………………………………………… (169)

11.5　基本体建模 …………………………………………………… (170)

11.6　布尔运算工具 ………………………………………………… (175)

11.7　关联复制 ……………………………………………………… (176)

11.8　曲面设计 ……………………………………………………… (178)

11.9　组合体建模 …………………………………………………… (179)

11.10　装　配 ……………………………………………………… (181)

11.11　工程图 ……………………………………………………… (182)

附　录 …………………………………………………………… (191)

参考文献 ………………………………………………………… (201)

第**1**章 制图基本知识

工程制图是研究工程图样表达与技术交流的一门重要的工科基础课程。工程图样作为工程师间交流的语言,在机械、土木、水力等领域都有广泛的应用,对于解决工程问题及一些科学技术问题起着重要的作用。计算机技术的飞速发展促使工程制图的理论和技术发生了根本性的变化。现代的工程技术人员不仅要掌握工程制图的基本理论和知识,也要熟练掌握先进成图技术,以适应实际工作的需要。

本章主要介绍常用绘图工具,国家标准关于图纸幅面、标题栏、比例、字体、图线及尺寸注法等方面的规定,以及几何制图的方法和主要步骤等内容。

1.1 常用绘图工具

手工绘图时,常用的绘图工具有图板、丁字尺、三角板、圆规、分规、铅笔等。下面将对这些常用的绘图工具进行简单的介绍。绘图所需的其他工具,如铅笔刀、橡皮、插图片、胶带、砂纸等,在这里不做介绍。

1.1.1 图板

图板是用来铺放图纸和固定图纸的工具,如图1-1所示。图板应该平整光滑。图板的工作导边为其左侧边,要求平直。绘图时,需要将图纸用胶带固定在图板上。

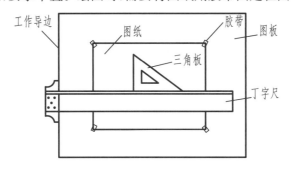

图1-1 图板的应用

1.1.2 丁字尺

丁字尺由尺头和尺身组成,用来绘制水平线,也可和三角板配合绘制竖直线,如图1-2所示。绘图时,丁字尺的尺头卡在图板的工作导边,左手扶住丁字尺尺身,右手在丁字尺上缘自左向右绘制水平线。左手推动丁字尺尺头沿工作导边移动,可以绘制一系列水平线。绘制竖直线时,需要结合三角板,沿三角板的直角边绘制竖直线。沿丁字尺尺身移动三角板,可以绘制一系列竖直线。

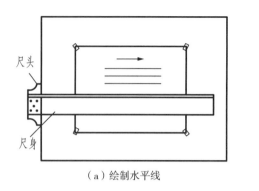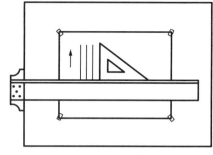

（a）绘制水平线 （b）绘制竖直线

图 1-2 丁字尺的应用

1.1.3 三角板

绘图时需要一副三角板,其中包括一个具有 30°和 60°角的直角三角板、一个等腰直角三角板。可以通过丁字尺和三角板的配合,绘制出夹角是 15°倍数的斜线,如图 1-3 所示;也可以通过沿丁字尺移动三角板,绘制平行的直线;还可以利用两个三角板垂直,绘制垂线。

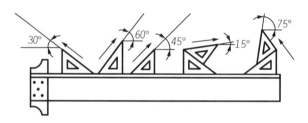

图 1-3 三角板的应用

1.1.4 圆规和分规

绘图时,常常需要用圆规绘制圆及圆弧。使用时,圆规钢针那一端朝下,如图 1-4 所示,铅笔插脚那一端顺时针旋转。绘制较大的圆时,应该使用加长杆,并且让两个脚都与图纸垂直。圆规的铅芯分为锥形和矩形,锥形铅芯用于打草稿,矩形铅芯用于描深。在画粗实线圆时,用 2B 或 B 铅芯,并磨成矩形;在画细实线圆时,用 H 或 HB 铅芯,并磨成锥形。

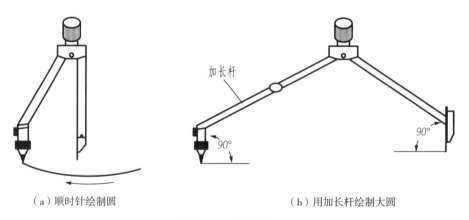

（a）顺时针绘制圆 （b）用加长杆绘制大圆

图 1-4 圆规的应用

分规可以用来量取和等分线段,如图 1-5 所示。分规两个脚并拢时,针尖应该对齐。

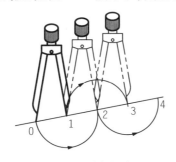

图 1-5 分规的应用

1.1.5 铅笔

画细实线和写字时,铅笔的铅芯应磨成锥状;而画粗实线时,铅笔的铅芯应磨成四棱柱(扁铲)状,如图 1-6 所示。铅笔规格一般用 B 和 H 表示,绘图时需要准备几种不同规格的铅笔,通常用 2B 或 B 铅笔加粗图线,HB 或 H 铅笔画箭头和书写文字,H 或 2H 铅笔绘制底稿或画细实线。

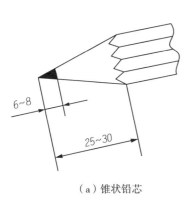

（a）锥状铅芯

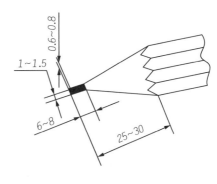

（b）四棱柱（扁铲）状铅芯

图 1-6 铅芯的形状

1.2 国家标准规定

工程图样是设计和制造机器、设备等的重要技术文件,是工程界共同的技术语言。为了便于生产和技术交流,国家标准对图样内容、画法、尺寸标注等都做出了有关规定。绘制工程图样时,要严格遵守这些规定。国家标准用代号"GB"(GB 是"国标"两字的拼音首字母缩写)或"GB/T"来表示:"GB"表示强制性标准,"GB/T"表示推荐性标准。

1.2.1 图纸幅面(GB/T 14689—2008)

绘制工程图样时,图纸幅面(简称"图幅")应该优先采用国家标准所规定的基本幅面(表 1-1),必要时也可选用加长幅面。从表 1-1 可以看出,图纸的基本幅面包括 A0、A1、A2、A3、A4 五种。从图幅尺寸可以看出,两张 A4 图幅与一张 A3 图幅大小一样,两张 A3 图幅与一张 A2 图幅大小一样,两张 A2 图幅与一张 A1 图幅大小一样,两张 A1 图幅与一张 A0

图幅大小一样。

表 1-1　图纸的基本幅面及图框尺寸　　　　　　　　　　　　单位:mm

幅面代号	A0	A1	A2	A3	A4
$B×L$	841×1189	594×841	420×594	297×420	210×297
a	25				
c	10			5	
e	20		10		

图纸的图框用粗实线绘制,其尺寸参见表 1-1。图纸分为不留装订边和留有装订边两种格式,分别如图 1-7 和图 1-8 所示。一般优选不留装订边的格式。同一产品的图样只能采用一种格式。

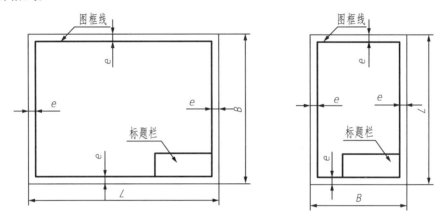

图 1-7　不留装订边图纸的图框格式

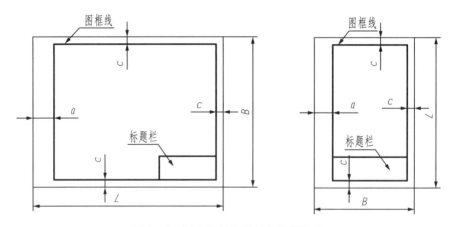

图 1-8　留有装订边图纸的图框格式

1.2.2　标题栏(GB/T 10609.1—2008)

每张图纸都必须包含标题栏。国家标准对标题栏的格式和尺寸做了规定,如图 1-9(a)所示,标题栏一般位于图纸右下方,看图方向与标题栏方向一致,参见图 1-7 和图 1-8。标题栏一般由更改区、签字区、其他区、名称及代号区组成,也可按实际需要增加或减少。标题栏的左上方为更改区,左下方为签字区,中间部分为其他区,右边部分为名称及代号区。

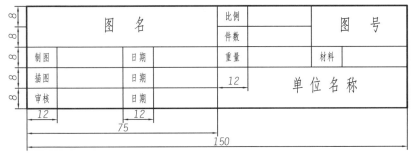

（a）标题栏格式和尺寸

（b）简化标题栏格式和尺寸

图1-9 标题栏

（1）更改区

更改区一般由更改标记、处数、分区、更改文件号、签名和 年 月 日等组成。在填写标题栏时,更改区中的内容应按由下而上的顺序填写,也可根据实际情况顺延,或放在图样中的其他地方,但应有表头。更改区各项的填写要求如下:

标记:应按照有关规定或要求填写更改标记。

处数:填写同一标记所表示的更改数量。

分区:在必要时,按照有关规定填写。

更改文件号:填写更改所依据的文件号。

签名和 年 月 日:填写更改人的姓名和更改的时间。

（2）签字区

签字区一般由设计、审核、工艺、标准化、批准、签名和 年 月 日等组成。

（3）其他区

其他区一般由材料标记、阶段标记、重量、比例、共 张 第 张和投影符号等组成,各项的填写要求如下:

材料标记:对于需要该项目的图样,一般应按照相应标准或规定填写所使用的材料。

阶段标记:按有关规定由左向右填写图样的各生产阶段。

重量:填写所绘制图样相应产品的计算重量,以千克(公斤)为计量单位时,允许不写出其计量单位。

比例:填写绘制图样时所采用的比例。

共　张　第　张:填写同一图样代号中图样的总张数及该张所在的张次。

投影符号:填写第一角画法和第三角画法的投影识别符号。在采用第一角画法时,可以省略标注。

(4) 名称及代号区

名称及代号区一般由单位名称、图样名称和图样代号组成,各项的填写要求如下:

单位名称:填写绘制图样单位的名称或单位代号。必要时,也可不填写。

图样名称:填写所绘制对象的名称。

图样代号:按有关标准或规定填写图样的代号。

为了节省幅面,本书后续章节中均采用简化标题栏,如图1-9(b)所示。

在绘制标题栏时,需要注意:外框线应采用粗实线,标题栏底边和右边应与图框线重合,标题栏内部线条应采用细实线。

1.2.3　比例(GB/T 14690—1993)

工程图样中图形与其实物相应要素的线性尺寸之比称为比例。比例包括原值比例、放大比例和缩小比例。比值为1的比例称为原值比例,比值大于1的比例称为放大比例,比值小于1的比例称为缩小比例。无论采用哪种比例绘图,在标注尺寸时,均应按照机件的实际尺寸标注。同一张图,比例应该一致,并且需要将比例标注在标题栏中"比例"这一栏内。如果工程图样中某一个图采用的比例与其他图的比例不同,则该图的比例需要单独标出。

国家标准规定的比例系列参见表1-2,表中n为正整数。绘图时,应该首选优先选用比例。

表1-2　比例系列

比例种类	优先选用比例	允许选用比例
原值比例	1∶1	
放大比例	5∶1　　　2∶1 $5\times10^{n}∶1$　$2\times10^{n}∶1$　$1\times10^{n}∶1$	4∶1　　　2.5∶1 $4\times10^{n}∶1$　　$2.5\times10^{n}∶1$
缩小比例	1∶2　　　1∶5　　　1∶10 $1∶2\times10^{n}$　$1∶5\times10^{n}$　$1∶1\times10^{n}$	1∶1.5　　1∶2.5　　1∶3　　1∶4　　1∶6 $1∶1.5\times10^{n}$　$1∶2.5\times10^{n}$　$1∶3\times10^{n}$　$1∶4\times10^{n}$　$1∶6\times10^{n}$

1.2.4　字体(GB/T 14691—1993)

图样中书写文字、字母或数字时,必须按照国家标准规定书写,应遵守以下几点:

(1) 字体工整、笔画清楚、间隔均匀、排列整齐。

(2) 字体的号数,即字体的高度(h),分为1.8 mm,2.5 mm,3.5 mm,5 mm,7 mm,10 mm,14 mm,20 mm八种。

(3) 汉字应写成长仿宋体,并且应采用国家正式公布推行的简化字。字体的高度不应小于3.5 mm,其宽度一般为$h/\sqrt{2}$。

　　(4) 数字和字母可以写成斜体或正体两种。图样上一般采用斜体。斜体字的字头向右倾斜,与水平基准线成 75°。在同一张图上,用作指数、极限偏差等数据的数字及字母,一般采用小一号的字体。

　　图 1-10 为汉字、数字和字母的字体示例。

字体工整 笔画清楚 间隔均匀 排列整齐
123456789
ABCDEFG
abcdefg

图 1-10　汉字、数字和字母字体示例

1.2.5　图线(GB/T 4457.4—2002,GB/T 17450—1998)

　　国家标准规定了图线的基本线型,参见表 1-3。图线分为粗线和细线两种类型,图线宽度 d 的推荐系列为 0.25 mm,0.35 mm,0.5 mm,0.7 mm,1 mm,1.4 mm,2 mm,当粗线宽度为 d 时,细线宽度为 $d/2$,即粗线和细线的宽度比为 2∶1。图 1-11 为图线的应用举例,在该零件的视图中,可见轮廓线用粗实线表示,尺寸线、尺寸界线和剖面线均用细实线表示,中心线用细点画线表示,不可见轮廓线用细虚线表示,相邻辅助零件的轮廓线用细双点画线表示,视图与剖视图的分界线用波浪线表示,断裂处的边界线用双折线表示。

表 1-3　图线基本线型

图线名称	图线形式	宽度	图线应用
粗实线	——————	d	可见轮廓线,相贯线,螺纹牙顶线,螺纹长度终止线,齿顶圆(线),剖切符号用线等
细实线	——————	$d/2$	过渡线,尺寸线及尺寸界线,剖面线,重合断面的轮廓线,短中心线,螺纹的牙底线及齿轮的齿根线,指引线等
波浪线	∿∿	$d/2$	断裂处边界线,视图与剖视图的分界线
双折线	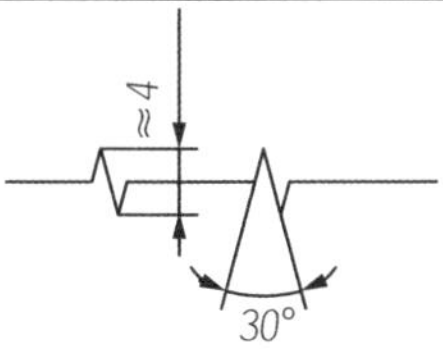 ≈4 30°	$d/2$	断裂处边界线,视图与剖视图的分界线
细虚线	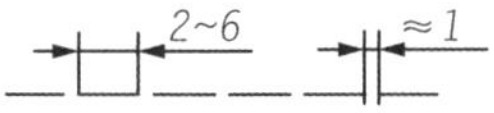 2~6 ≈1	$d/2$	不可见轮廓线
粗虚线	━ ━ ━ ━	d	允许表面处理的表示线
细点画线	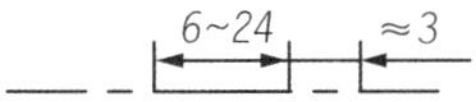 6~24 ≈3	$d/2$	轴线,对称中心线,分度圆(线),孔系分布的中心线,剖切线
粗点画线	━ ▪ ━ ▪ ━	d	限定范围表示线
细双点画线	 15~20　4	$d/2$	相邻辅助零件的轮廓线,可动零件的极限位置的轮廓线,成形前轮廓线,剖切面的结构轮廓线,轨迹线,中断线等

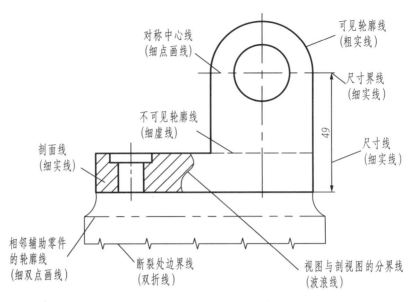

图 1-11　图线的应用举例

在绘图时,同类图线的宽度应保持一致。虚线、点画线和双点画线的线段长度和间隔应大致相等。绘制点画线时,应超出图外 2～5 mm,而且首末两端为长画。绘制圆的中心线时,圆心应为点画线的交点。在较小的图形上绘制点画线时,可以用细实线代替。虚线和虚线相交时,应该是线段相交。当虚线是粗实线的延长线时,在连接处应留有间隙。当图中的线段重合时,其优先顺序为粗实线、虚线、点画线。

1.2.6　尺寸注法(GB/T 4458.4—2003)

工程图样中,必须正确标注尺寸,以表达机件的真实大小。国家标准对尺寸的标注制定了一系列规则,标注尺寸时必须遵守。

尺寸注法的基本规则如下:

(1) 机件的真实大小应以图样上所注的尺寸数值为依据,与图形的大小及绘图的准确度无关;

(2) 图样中的尺寸以毫米为单位时,不需要标注单位符号,如果采用其他单位,则应注明相应的单位符号;

(3) 图样中所标注的尺寸为该图样所示机件的最后完工尺寸,否则应另加说明;

(4) 机件的每个尺寸,一般只标注一次,并应标注在反映该结构最清晰的图形上。

一个完整的尺寸包括尺寸界线、尺寸线和尺寸数字,如图 1-12 所示。

尺寸界线一般引自图形的轮廓线、轴线或对称中心线,用细实线绘制。标注角度的尺寸界线应沿径向引出;标注弦长的尺寸界线应平行于该弦的垂直平分线;标注弧长的尺寸界线应平行于该弧所对圆心角的角平分线,但当弧度较大时,可沿径向引出。

尺寸线用细实线绘制,其终端有两种形式:一种是箭头,适用于各种类型的图样(如机械图样等);另一种是 45°斜线(细实线),一般用于土建图。同一张图样中只能采用一种尺寸线终端的形式。其中箭头形式如图 1-13 所示,尺寸 d 为粗实线的宽度,箭头应尽量画在尺寸界线的内侧。

尺寸线与尺寸界线一般应垂直,且尺寸界线超过尺寸线 2~5 mm。线性尺寸的尺寸线与所标注的线段平行,尺寸线不能用其他图线代替,一般不得与其他图线重合,也不得画在其延长线上。

尺寸数字表示所标注机件尺寸的实际大小,不可被任何图线所通过,否则应将该图线断开。线性尺寸注法参见图 1-14。水平尺寸线的尺寸数字一般写在尺寸线的上方,也允许写在尺寸线的中断处。铅垂尺寸线的数字一般写在尺寸线的左方,也允许写在尺寸线的中断处。同一方向标注多个尺寸时,大尺寸标注在外侧,小尺寸标注在内侧,以免尺寸线与尺寸界线相交。标注弧长时,应在数字左方加注弧长符号"⌒"。标注参考尺寸时,应将尺寸数字加上圆括号。

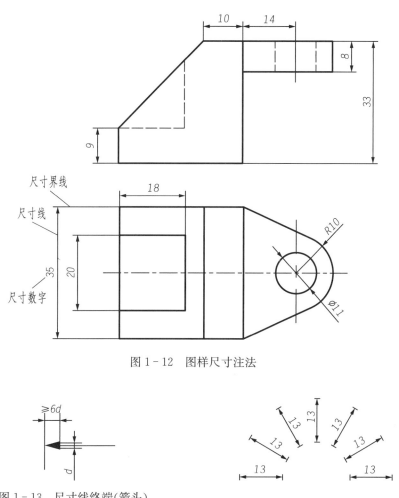

图 1-12　图样尺寸注法

图 1-13　尺寸线终端(箭头)　　　　　　　　　　图 1-14　线性尺寸注法

标注尺寸的符号及缩写词应符合国家标准规定。符号的线宽为 $h/10$(h 为字体高度)。一般来说,直径用"∅"表示,半径用"R"表示,球直径用"$S∅$"表示,球半径用"SR"表示,厚度用"t"表示,均布用"EQS"表示,45°倒角用"C"表示,正方形用"□"表示,深度用"▽"表示,沉孔或锪平用"⊔"表示,埋头孔用"⌄"表示,弧长用"⌒"表示,斜度用"∠"表示,锥度用"◁"表示,展开长用"⌒⟶"表示。

圆和圆弧标注、球面标注、角度标注和小尺寸标注的注法,参见表 1-4。

表 1-4　各类尺寸的注法

标注尺寸类别	标 注 示 例	尺寸标注说明
圆和圆弧标注	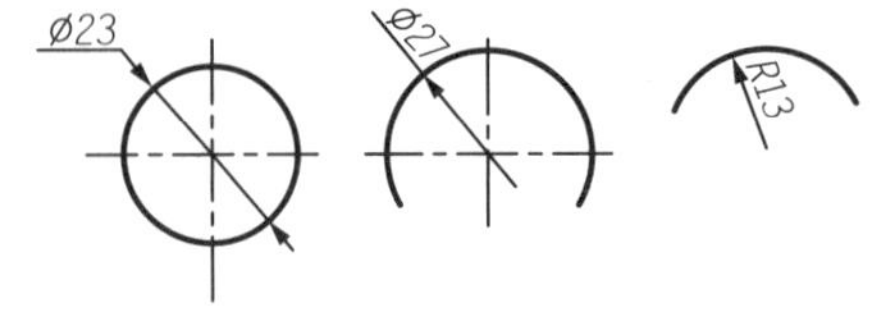 Ø23　　Ø21　　R13	标注圆和圆弧尺寸时,尺寸线应通过圆心。标注圆或大半个圆的直径,应该在尺寸数字前加注符号"Ø";标注圆弧的半径,应该在尺寸数字前加注符号"R"
球面标注	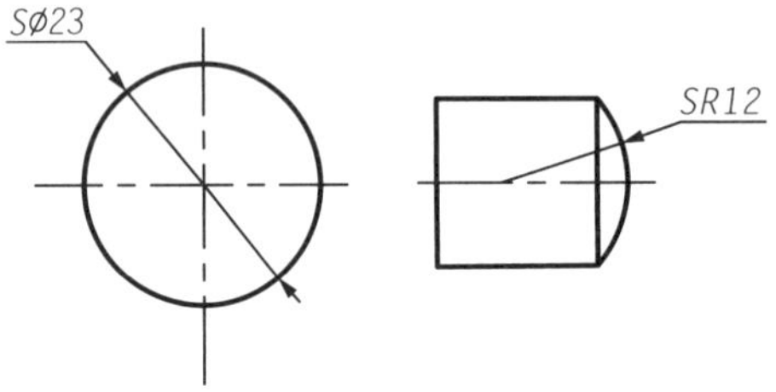 SØ23　　SR12	标注球面直径或半径时,需要在符号"Ø"或"R"前加注符号"S"。在不致引起误解时,可以省略符号"S"
角度标注	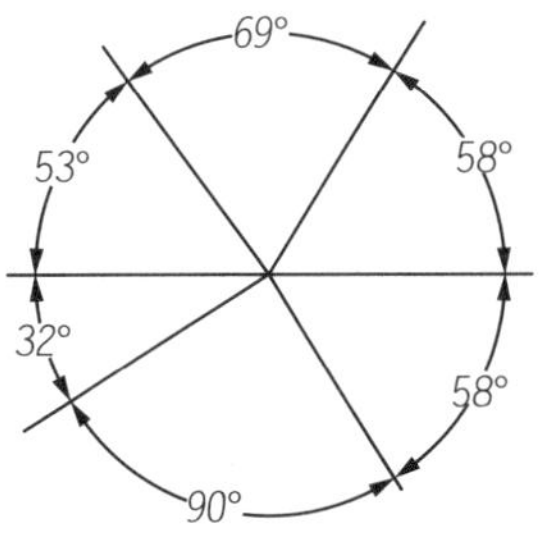 69°　53°　58°　32°　58°　90°	标注角度时,尺寸线应画成圆弧,其圆心是该角的顶点,尺寸界线应沿径向引出。角度的数字一律采用水平方向,一般注写在尺寸线的中断处,必要时可以注写在尺寸线的上方或外侧,也可以引出标注
小尺寸标注	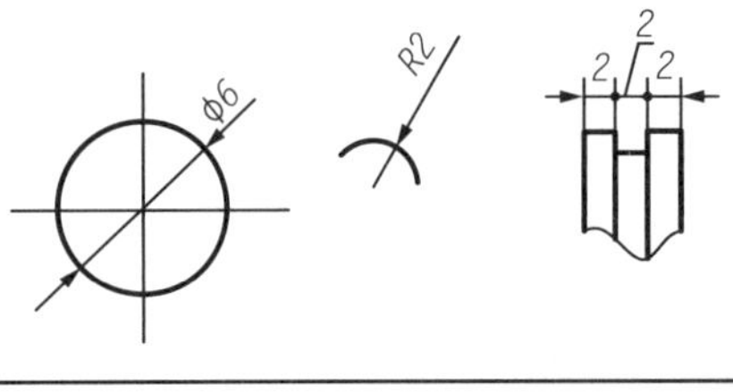 Ø6　R2　2 2 2	标注小尺寸没有足够的空间时,箭头可以画在外面或用小圆点代替,尺寸数字也可以写在外侧或引出标注

　　斜度是指一条直线对另一条直线的倾斜程度或一个平面对另一个平面的倾斜程度。斜度的大小用该两直线或两平面的夹角的正切来表示,即斜度 $=\tan \alpha = H/L$,参见图 1-15。标注时,需要注意斜度符号的方向应与斜度的实际倾斜方向一致。

（a）斜度的含义　　（b）斜度符号　　（c）斜度标注示例

图 1-15　斜度的含义、符号和标注示例

　　锥度是指正圆锥的底圆直径与圆锥高度之比,或正圆锥台的最大圆锥直径与最小圆锥直径之差与圆锥台高度之比。一般以 $1:n$ 的形式进行标注,参见图 1-16。标注时,需要注意锥度符号的方向应与锥度的实际倾斜方向一致。

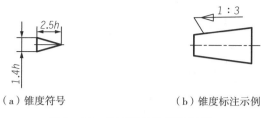

（a）锥度符号   （b）锥度标注示例

图 1-16 锥度符号和标注示例

1.3 几何制图

机件的轮廓通常是由直线、圆弧、多边形及其他平面曲线组成的几何图形。因此需要熟练掌握常见几何图形的作图方法，以便正确且快速地绘制图形。

1.3.1 正六边形

用圆规绘制正六边形的主要步骤如图 1-17 所示。首先绘制一个半径为 r 的圆，AD 为直径。然后以点 A 为圆心、r 为半径绘制第二个圆，这个圆与第一个圆有 B 和 C 两个交点。接着以点 D 为圆心、r 为半径绘制第三个圆，这个圆与第一个圆有 E 和 F 两个交点。从而确定了正六边形的六个顶点 A、B、E、D、F、C。最后按照 $ABEDFCA$ 的顺序将这六个顶点连接起来，即完成正六边形的绘制。

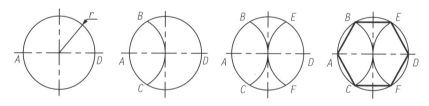

图 1-17 用圆规绘制正六边形的主要步骤

1.3.2 圆内接正多边形

已知某圆的直径为 AB，CD 为 AB 的垂直平分线，现在需要作该圆的内接正多边形。绘制圆内接正多边形时，假设正多边形边数为 n，将 AB 进行 n 等分，以 B 为圆心，AB 为半径画圆交 CD 于点 E、F。分别连接点 E、F 与各奇数点并延长，与圆相交得到圆的 n 等分点。连接各等分点，得圆的内接正 n 边形。圆内接正七边形画法如图 1-18 所示。

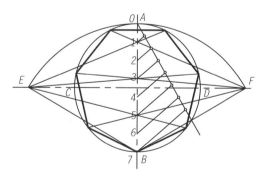

图 1-18 圆内接正七边形画法

1.3.3 圆弧连接

圆弧连接是指用已知半径的圆弧连接直线或圆弧。圆弧连接包括三种情况：圆弧连接两条直线，圆弧连接直线和圆弧，圆弧连接两个圆弧。在作图过程中，需要确定连接圆弧的圆心位置以及被连接部分的切点。表 1-5 列出了几种典型的圆弧连接，包括通过已知两条直线和连接圆弧半径 R，绘制连接圆弧；已知一个圆弧、一条直线和连接圆弧半径 R，绘制连接圆弧；已知两个圆和连接圆弧半径 R，绘制连接两个圆的外切圆弧；已知两个圆和连接圆弧半径 R，绘制连接两个圆的内切圆弧。

表 1－5　典型的圆弧连接

连接类型	画　　法	绘图步骤
已知两条直线和连接圆弧半径 R	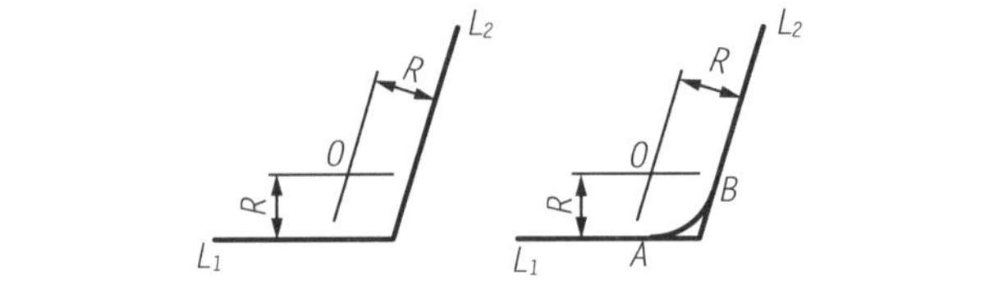	1. 分别作与直线 L_1、L_2 距离为 R 的平行线，交点为 O 2. 以 O 为圆心，以 R 为半径画圆弧，与已知直线的切点分别为 A 和 B
已知一个圆弧、一条直线和连接圆弧半径 R	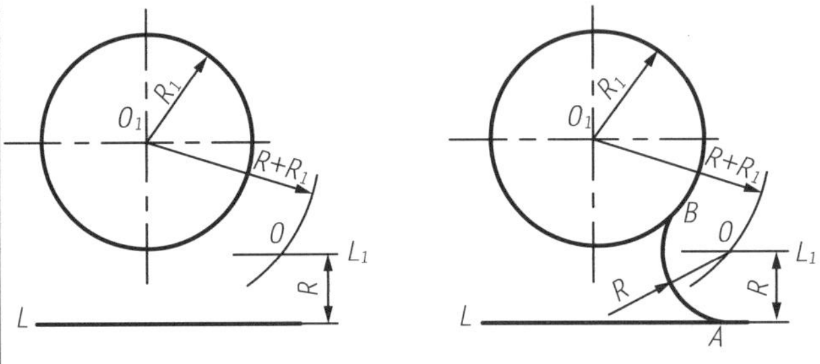	1. 作与已知直线距离为 R 的平行线 L_1 2. 以 O_1 为圆心、$(R+R_1)$ 为半径画圆弧，与平行线 L_1 相交，得到交点 O 3. 以 O 为圆心，R 为半径画圆弧，与已知直线和圆弧的切点分别为 A 和 B
已知两个圆和连接圆弧半径 R（外切）	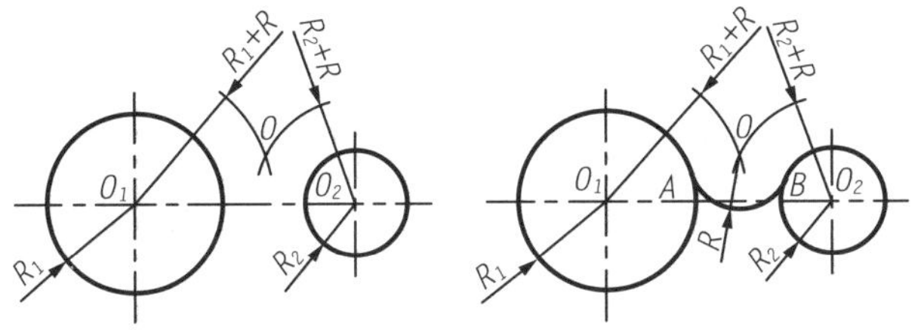	1. 分别以 O_1、O_2 为圆心，(R_1+R) 和 (R_2+R) 为半径画圆弧，得到交点 O 2. 以 O 为圆心、R 为半径画圆弧，与已知圆的切点分别为 A 和 B
已知两个圆和连接圆弧半径 R（内切）	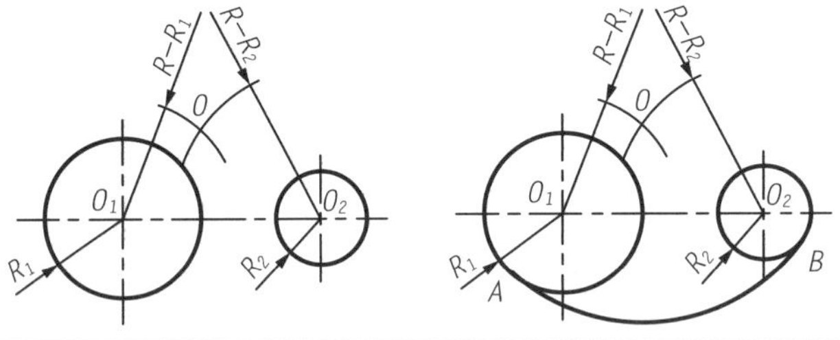	1. 分别以 O_1、O_2 为圆心，$(R-R_1)$ 和 $(R-R_2)$ 为半径画圆弧，得到交点 O 2. 以 O 为圆心、R 为半径画圆弧，与已知圆的切点分别为 A 和 B

1.3.4　椭圆的画法

椭圆的画法有同心圆法和四心圆法两种方法。

同心圆法是通过获取椭圆上若干点后，用曲线板连接这些点，构成椭圆。此种方法是椭圆的精确画法，其作图过程如图 1－19 所示。

同心圆法的具体步骤如下：

（1）作相互垂直的两条直线，取长轴 AB 和短轴 CD，两轴的交点为点 O；

（2）以点 O 为圆心，OA、OC 为半径分别作圆；

（3）过点 O 作射线，交两圆于 E、F 两点；

（4）过点 E 作平行于 AB 的直线，过点 F 作平行于 CD 的直线，两条直线相交于点 G，则点 G 为椭圆上的点；

（5）重复第 4 步，得到一系列的点，将这些点用光滑曲线连接起来，即得椭圆。

四心圆法是椭圆的近似画法，这种方法是将四段圆弧连接起来，构成椭圆。此种方法作图较快，其作图过程如图 1-20 所示。

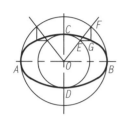

图 1-19　同心圆法画椭圆

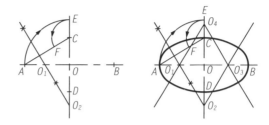

图 1-20　四心圆法画椭圆

四心圆法的具体步骤如下：

（1）画出椭圆的长轴 AB 和短轴 CD，两轴的交点为点 O，连接 AC；

（2）以点 O 为圆心、OA 为半径作圆弧交 CD 于点 E；

（3）以点 C 为圆心、CE 为半径作圆弧交 AC 于点 F；

（4）作 AF 的中垂线交 AB、CD 于 O_1、O_2 两点，在长轴和短轴上分别找到点 O_1 和 O_2 的对称点 O_3 和 O_4；

（5）以点 O_2 为圆心、CO_2 为半径作大圆弧，以 O_4 为圆心、DO_4 为半径作大圆弧，以 O_1 为圆心、AO_1 为半径作小圆弧，以 O_3 为圆心、BO_3 为半径作小圆弧，即得椭圆。

1.3.5　平面图形的绘图方法

平面图形由各类线段及圆弧等组成。要正确绘制平面图形，必须分析图样中的尺寸、图形间的位置关系和连接关系。

平面图形的尺寸可以分为定形尺寸和定位尺寸。定形尺寸是确定平面图形形状大小的尺寸。如图 1-21 中的 $\emptyset26$，$\emptyset12$，$\emptyset6$，16，6，$R3$，$SR50$，$R28$，$\emptyset40$ 等都是定形尺寸。定位尺寸是用来确定平面图形各部分之间相对位置的尺寸。如图 1-21 中的 10 和 40 都是定位尺寸。

组成平面图形的线段可以分为已知线段、中间线段、连接线段三种。图形中，定形尺寸和定位尺寸都齐全的线段或圆弧称为已知线段；只有定形尺寸，而定位尺寸不全的线段或圆弧称为中间线段，如图 1-21 中的圆弧 $R28$；只有定形尺寸，没有定位尺寸的线段或圆弧称为连接线段，如图 1-21 中的圆弧 $R3$。

图 1-21 所示的平面图形的主要绘图步骤如下：

（1）根据图形大小布置图面，分析组成平面图形的线段，找出已知线段、中间线段、连接线段；

（2）绘图时，先绘制已知线段，再绘制中间线段，最后绘制连接线段，参见图 1-22。图形中的左侧部分是已知尺寸，因此先绘制左侧部分，然后再绘制右侧部分。

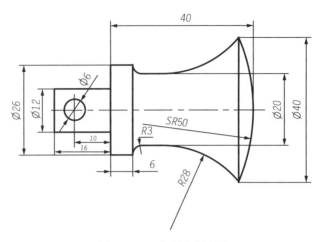

图 1-21 平面图形图样

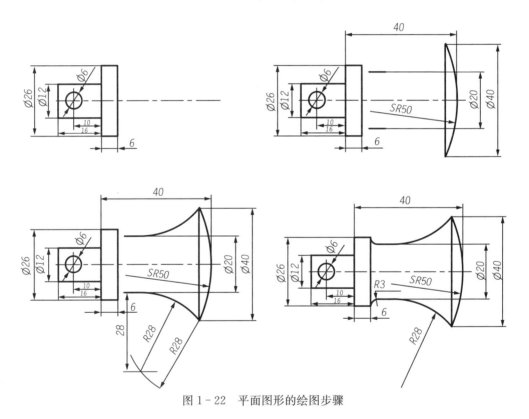

图 1-22 平面图形的绘图步骤

思 考 题

1-1 国家标准规定的图幅有几种？图幅是否可以加长？

1-2 以 1∶1,2∶1 和 1∶2 三种比例抄画题 1-2 图中的图形,并标注尺寸。绘制完成后,观察三幅图,并总结图形规律。

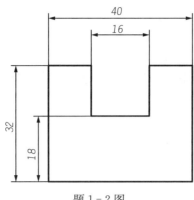

题 1-2 图

1-3　练习绘制正五边形。

1-4　练习绘制图框和标题栏。

1-5　国家标准规定图样中的汉字应写成什么字体? 抄写图 1-10 中汉字、数字和字母。

1-6　国家标准规定图样中的尺寸单位是什么?

第2章 投影基础

本章主要介绍投影的基本概念、正投影的投影特性、多面投影体系、基本几何元素的投影等内容。

2.1 投影的基本概念

投影是日常生活中很常见的一种现象。我们都知道,当太阳照射物体时,会在地面形成影子,若将这一自然现象进行抽象,光源称为投影中心,光源发射出来的光线称为投射线,影子称为投影,影子所在平面称为投影面,即可得到一种投影方法——中心投影法,如图 2-1 所示。从图中可以看出,投影的尺寸比物体的实际尺寸要大。当物体与投影中心的距离发生改变时,投影的大小也会发生改变。中心投影法形成的投影与物体尺寸不同,因此不能反映物体的实际大小。

将中心投影法中的投影中心移至无穷远处,此时投影中心发出的各投射线就成为平行线,投射线穿过物体,在投影面上产生投影,这种投影方法称为平行投影法。投射线垂直于投影面时得到的投影称为正投影,这种投影方法则称为正投影法,如图 2-2 所示。正投影法形成的正投影能够反映物体的实际形状。

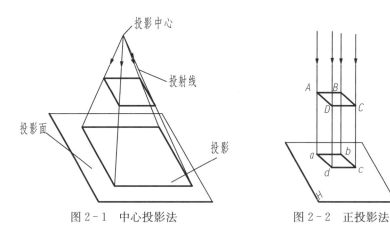

图 2-1 中心投影法   图 2-2 正投影法

2.2 正投影的投影特性

在图 2-3 中,物体向水平投影面 H 投影,得到正投影。物体上表面 A 与投影面 H 平行,平面 A 在投影面 H 的投影反映其实际形状(简称"实形");位于物体上表面的直线 B 与投影面 H 平行,直线 B 在投影面 H 的投影反映其实际长度(简称"实长")。物体前表面 C 与投影面 H 垂直,平面 C 在投影面 H 的投影积聚为一条直线;位于物体前表面的直线 D 与

投影面 H 垂直,直线 D 在投影面 H 的投影积聚为一个点。平面 E 与投影面 H 既不垂直也不平行,可以看出其在投影面 H 的投影面积变小了,虽然投影形状与物体类似,但不能反映其实形;直线 F 与投影面 H 既不垂直也不平行,可以看出其在投影面 H 的投影长度小于实长。

通过分析图 2-3 中的物体上直线和平面的投影特性,可以看出直线和平面的正投影具有实形性、积聚性和类似性三个投影特性。

(1) 实形性——当物体上的平面或直线与投影面平行时,其投影反映平面的实形或直线的实长,如图 2-3 中的平面 A 和直线 B。

(2) 积聚性——当物体上的平面或直线与投影平面垂直时,平面的投影积聚为一条线,直线的投影积聚为一个点,如图 2-3 中的平面 C 和直线 D。

(3) 类似性——当物体上的平面或直线与投影平面既不垂直也不平行时,平面的投影面积和直线的投影长度变小,但投影的形状仍与原来形状类似,如图 2-3 中的平面 E 和直线 F。

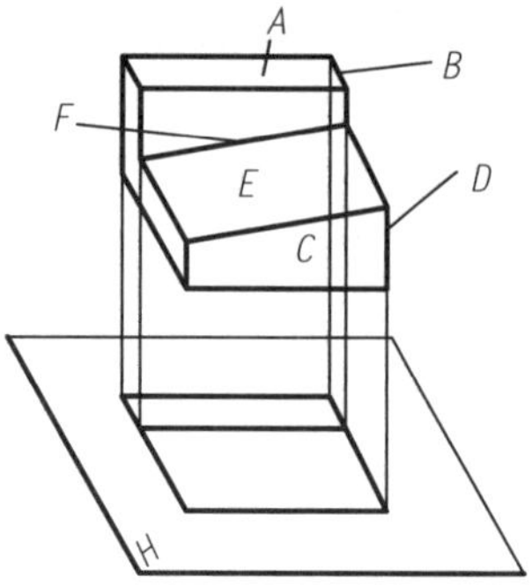

图 2-3 正投影的基本特性

将中心投影法和正投影法进行对比,可以看出中心投影法所得到的图形不能真实地反映物体的实形和大小,而正投影法所得到的图形能够真实地反映物体的实形和大小。因此国家标准规定,工程图样采用正投影法绘制。

2.3 多面投影体系

图 2-4 为六面投影体系,六个投影面分别为 V 面、H 面、W 面、V_1 面、H_1 面、W_1 面。其中,V 面与 V_1 面平行,H 面与 H_1 面平行,W 面与 W_1 面平行。将物体向六个投影面投射,得到六个基本视图。从前向后投射在 V 面上得到的视图称为主视图,从左向右投射在

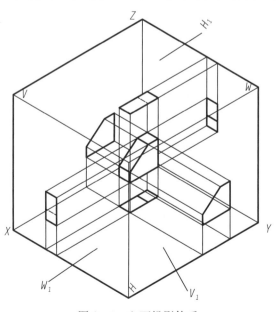

图 2-4 六面投影体系

W 面上得到的视图称为左视图,从上向下投射在 H 面上得到的视图称为俯视图,从右向左投射在 W_1 面上得到的视图称为右视图,从下向上投射在 H_1 面上得到的视图称为仰视图,从后向前投射在 V_1 面得到的视图称为后视图。

为了便于使用,将六个基本视图展开放于同一平面上,规定 V 面保持不动,H 面绕着 X 轴向下旋转 $90°$,W 面绕其与 V 面的交线向右旋转 $90°$,V_1 面绕其与 W 面的交线向前旋转 $90°$,再与 W 面一起绕 Z 轴向右旋转 $90°$,W_1 面绕其与 V 面的交线向左旋转 $90°$,H_1 面绕其与 V 面的交线向上旋转 $90°$。展开后的六个基本视图如图 2-5(a)所示。

若六个基本视图按照图 2-5(a)配置,则不标注视图名称。若六个基本视图未按照图 2-5(a)配置,则需要在视图上方用字母标出视图名称,并在相应视图附近用相同字母和箭头指明投射方向,如图 2-5(b) 所示。这样的视图也称为向视图。

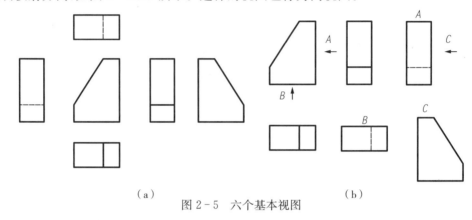

（a） 图 2-5　六个基本视图 （b）

由六面投影体系的展开过程可知,X 轴方向为长度方向,Y 轴方向为宽度方向,Z 轴方向为高度方向。主视图、俯视图、仰视图和后视图反映了物体的长度,左视图、右视图、俯视图和仰视图反映了物体的宽度,主视图、左视图、右视图和后视图反映了物体的高度。图 2-6 中六个基本视图的投影规律如下:主视图、俯视图、仰视图长对正,与后视图长度相等;主视图、左视图、右视图和后视图高平齐;左视图、右视图、俯视图和仰视图宽相等。归纳为"长对正、高平齐、宽相等"。

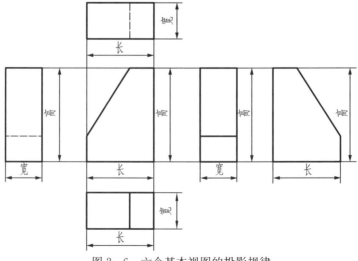

图 2-6　六个基本视图的投影规律

图 2-7 中六个基本视图能反映物体的空间方位关系：主视图、俯视图、仰视图和后视图能反映物体的左右方位，主视图、左视图、右视图和后视图能反映物体的上下方位，左视图、右视图、俯视图和仰视图能反映物体的前后方位。但需要注意，后视图左侧表示物体的右侧，后视图的右侧表示物体的左侧。

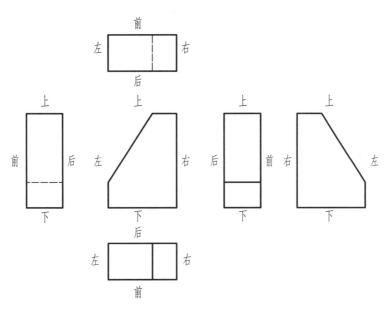

图 2-7　六个基本视图的空间方位关系

2.4　基本几何元素的投影

点、线、面是构成工程上物体结构的基本几何元素，为了准确地表达工程物体结构，需要对基本几何元素的投影特点及规律进行研究与分析。

2.4.1　空间点的投影

空间点向一个投影面投影时，无法准确确定空间点的位置。因此，如果要准确表示空间点的位置，需要向三个相互垂直的投影面分别投影来确定。

图 2-8 为点的三面投影体系。位于正面直立位置的投影面 V 面称为正立投影面（简称"正面"），位于水平位置的投影面 H 面称为水平投影面（简称"水平面"），位于侧立位置的投影面 W 面称为侧立投影面（简称"侧面"），H 面和 V 面的交线称为 X 轴，H 面和 W 面的交线称为 Y 轴，V 面和 W 面的交线称为 Z 轴，这三根轴相互垂直，其交点为原点 O。空间点 A 位于由 V 面、H 面、W 面组成的三面投影体系中，分别向三个投影面做正投影，就得到了空间点 A 的正面投影、水平投影和侧面投影。

为了统一，规定三面投影体系的字母格式：空间点用大写英文字母表示，其水平投影用相应的小写字母表示，正面投影用相应的小写字母加一撇表示，侧面投影用相应的小写字母加两撇表示。根据上述规定，图 2-8(a) 中的空间点用大写英文字母 A 表示，其三个投影中，水平投影用 a 表示，正面投影用 a' 表示，侧面投影用 a'' 表示。空间点也可用罗马数字

Ⅰ、Ⅱ、Ⅲ……表示,其三个投影中,水平投影用 1、2、3……表示,正面投影用 $1'$、$2'$、$3'$……表示,侧面投影用 $1''$、$2''$、$3''$……表示。

为了使三面投影位于同一平面内,国家标准规定了投影面展开方法:将三个投影展平在同一平面上,通常 V 面保持不动,将 H 面绕 X 轴向下旋转 90°,W 面绕 Z 轴向右旋转 90°,参见图 2-8(b)。当 Y 轴随着 W 面旋转时,以 Y_W 表示,当 Y 轴随着 H 面旋转时,以 Y_H 表示,两者在长度上是相同的。将投影面的边界去除,保留 X、Y、Z 投影轴,就得到了点 A 的三面投影图,参见图 2-8(c)。

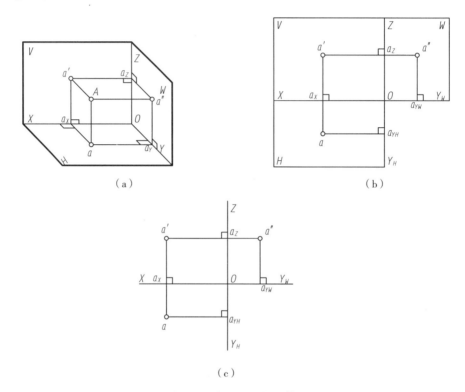

（a）　　　　　　　　　　　　　　（b）

（c）

图 2-8　点的三面投影体系

从图 2-8 可知,空间点 A 的三面投影为 (a,a',a''),其直角坐标为 (x_A,y_A,z_A)。$aa'\perp X$ 轴,$aa_{YH}\perp Y_H$ 轴,$a''a_{YW}\perp Y_W$ 轴,$a'a''\perp Z$ 轴。点 A 直角坐标与其三个投影的关系如下:

$$Aa''=aa_Y=Oa_X=a'a_Z=x_A$$
$$Aa'=aa_X=Oa_{YH}=a''a_Z=y_A$$
$$Aa=a'a_X=Oa_Z=a''a_{YW}=z_A$$

点 A 的水平投影 a 反映 x_A 和 y_A 坐标,点 A 的正面投影 a' 反映 x_A 和 z_A 坐标,点 A 的侧面投影 a'' 反映 y_A 和 z_A 坐标。

通过对点的三面投影体系进行分析,可归纳点的投影规律如下:

（1）点的两个投影的连线必垂直于相应投影轴(坐标轴);

（2）点的投影到相应投影轴的距离反映空间中该点到相应投影面的距离;

（3）点的任一投影必能也只能反映该点的两个坐标。

[**例 2 - 1**]　已知点 A 和点 B 的正面投影和水平投影,参见图 2 - 9(a),试求这两点的侧面投影。

解: 1) 根据点的投影规律,即点的两个投影的连线必垂直于相应投影轴,过点 A 的正面投影点 a' 作 Z 轴的垂线,并向右延长,参见图 2 - 9(b)。

2) 从原点 O 作 45°分角线,然后过点 A 的水平投影点 a 作 Y_H 轴的垂线,与 45°分角线相交,再从交点作 Y_W 轴的垂线,与过 a' 的 Z 轴垂线相交,得到点 A 的侧面投影 a'',参见图 2 - 9(c)。

3) 点 B 的水平投影 b 位于 X 轴上,说明点 B 的空间位置就位于 V 面内,因此它的侧面投影 b'' 在 Z 轴上。直接从正面投影 b' 作 Z 轴的垂线,得到的与 Z 轴的交点就是侧面投影 b'',参见图 2 - 9(d)。

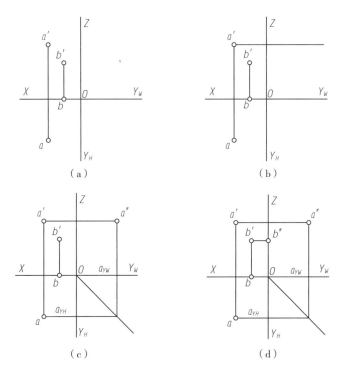

图 2 - 9　由点的两面投影求第三面投影

从此题可以看出,当点位于某个投影面时,点在该投影面上的投影与点的空间位置重合;当点位于某个投影轴时,点的两个投影与空间点重合,另一个投影与原点重合。

[**例 2 - 2**]　已知空间点 B 的坐标为(10,8,10),试作其三面投影。

解: 1) 作 X,Y,Z 坐标轴得原点 O,根据点 B 的坐标 $x_B = 10$ 和 $z_B = 10$ 作出点 B 的正面投影 b',参见图 2 - 10(a)。

2) 根据 $x_B = 10$ 和 $y_B = 8$ 作出点 B 的水平投影 b,参见图 2 - 10 (b)。

3) 根据 $y_B = 8$ 和 $z_B = 10$ 作出点 B 的侧面投影 b'',参见图 2 - 10 (c)。

从此题可以看出,当已知空间点的三维坐标时,可以根据其坐标分别作出其正面投影、水平投影和侧面投影。在作图过程中,可以先作空间点 B 的水平投影,再作其正面投影和侧面投影。作图顺序不会影响作图结果。

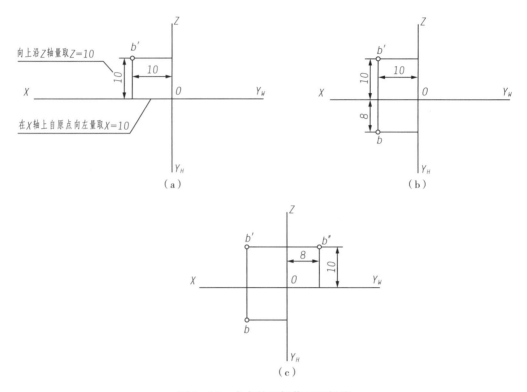

图 2-10　由点的坐标作三面投影

空间两点的相对位置可以通过两点的坐标关系来确定,设点 A 坐标为 (x_A,y_A,z_A),点 B 坐标为 (x_B,y_B,z_B)。如果 $x_A>x_B$,则点 A 在点 B 左侧;如果 $y_A>y_B$,则点 A 在点 B 前侧;如果 $z_A>z_B$,则点 A 在点 B 上侧。如图 2-11 中的点 A 和点 B,通过坐标关系,可以看出点 A 在点 B 左侧、前侧和下侧。

当空间两点的某两个坐标值相同(其坐标之差为 0)时,它们的同面投影重合为一点,该点称为重影点。图 2-11 中点 B 和点 C,x 坐标相同,y 坐标也相同,因此水平投影积聚为一点;z 坐标不同,点 B 在点 C 上侧,因此点 B 的水平投影可见,点 C 的水平投影不可见。

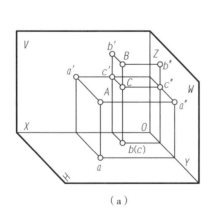
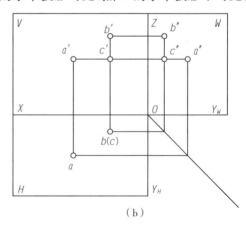

图 2-11　空间点相对位置和重影点

2.4.2　空间直线的投影

空间直线一般为两个平面的交线。根据直线的性质,空间两点确定一条直线。在作直线的三面投影时,只要作出该直线上两点的三面投影,然后将同面投影相连,就确定了直线的三面投影。直线的投影一般为直线,特殊情况下积聚为一点。

直线在三面投影体系中的投影特性取决于直线与投影面的相对位置。根据直线与投影面的相对位置,可将直线分为三类:投影面垂直线、投影面平行线和一般位置直线。

1. 投影面垂直线

垂直于某一投影面,同时平行于另外两个投影面的直线称为投影面垂直线。其中,垂直于正立投影面(V 面),同时与水平投影面(H 面)和侧立投影面(W 面)平行的直线称为正垂线;垂直于水平投影面(H 面),同时与正立投影面(V 面)和侧立投影面(W 面)平行的直线称为铅垂线;垂直于侧立投影面(W 面),同时与正立投影面(V 面)和水平投影面(H 面)平行的直线称为侧垂线。

图 2-12(a)中,AB 为正垂线,CA 为铅垂线,DA 为侧垂线。图 2-12(b)为直线 CA 的三面投影,可以看出直线 CA 的水平投影积聚为一点,其正面投影与 X 轴垂直,侧面投影与 Y 轴垂直,正面投影和侧面投影都反映直线 CA 实长。图 2-12(c)为直线 AB 的三面投影,可以看出直线 AB 的正面投影积聚为一点,其水平投影与 X 轴垂直,侧面投影与 Z 轴垂直,水平投影和侧面投影都反映直线 AB 实长。图 2-12(d)为直线 DA 的三面投影,可以看出直线 DA 的侧面投影积聚为一点,其正面投影与 Z 轴垂直,水平投影与 Y 轴垂直,正面投影和水平投影都反映直线 DA 实长。

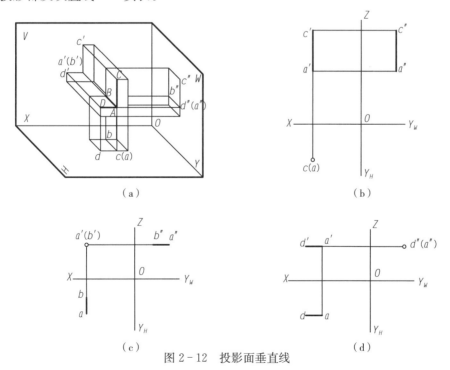

图 2-12　投影面垂直线

根据图 2-12,归纳得出投影面垂直线的投影特性如下:

(1)直线在与其所垂直的投影面上的投影积聚为一点,该积聚投影与相应投影轴间的距离就是该直线与相应投影面间的距离;

(2)直线的其余两个投影均垂直于相应的投影轴,且反映该直线的实长。

2. 投影面平行线

平行于某一投影面,同时倾斜于另外两个投影面的直线称为投影面平行线。其中,平行于正立投影面(V 面),同时倾斜于水平投影面(H 面)和侧立投影面(W 面)的直线称为正平线;平行于水平投影面(H 面),同时倾斜于正立投影面(V 面)和侧立投影面(W 面)的直线称为水平线;平行于侧投影面(W 面),同时倾斜于正立投影面(V 面)和水平投影面(H 面)的直线称为侧平线。

图 2-13(a)中,直线 BC 为正平线,直线 AC 为水平线,直线 AB 为侧平线,投影面平行线与水平投影面(H 面)的夹角用 α 表示,与正立投影面(V 面)的夹角用 β 表示,与侧立投影面(W 面)的夹角用 γ 表示,α、β、γ 均小于或等于 $90°$。图 2-13(b)为直线 BC 的三面投影,其正面投影反映直线 BC 实长,其水平投影平行于 X 轴,其侧面投影平行于 Z 轴;水平投影和侧面投影都小于直线 BC 实长,能反映与水平投影面的夹角 α 和与侧立投影面的夹角 γ。图 2-13(c)为直线 AC 的三面投影,其水平投影反映直线 AC 实长,其正面投影平行于 X 轴,其侧面投影平行于 Y 轴;正面投影和侧面投影都小于直线 AC 实长,能反映与正立投影面的夹角 β 和与侧立投影面的夹角 γ。图 2-13(d)为直线 AB 的三面投影,其侧面投影反映直线 AB 实长,其水平投影平行于 Y 轴,其正面投影平行于 Z 轴;水平投影和正面投影都小于直线 AB 实长,能反映与水平投影面的夹角 α 和与正立投影面的夹角 β。

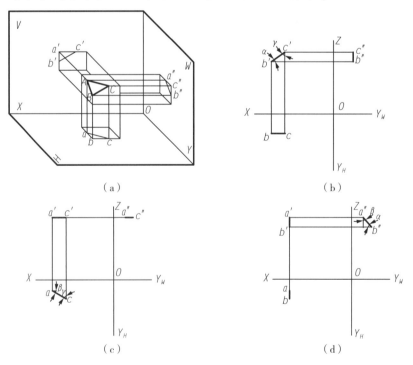

（a）   （b）

（c）   （d）

图 2-13　投影面平行线

根据图 2-13,归纳得出投影面平行线的投影特性如下:

(1) 直线在与其所平行的投影面上的投影反映该直线的实长,同时还反映该直线与另两个投影面之间的真实夹角;

(2) 直线的其余两个投影分别平行于相应的投影轴,该两投影与相应投影轴之间的距离即为该直线与相应投影面之间的距离。

3. 一般位置直线

既不垂直也不平行于任一投影面的直线称为一般位置直线。图 2-14(a) 中,直线 AC 为一般位置直线。从图 2-14(b) 中可以看出,该直线的三面投影均倾斜于投影轴,且投影长度均小于该直线的实长。

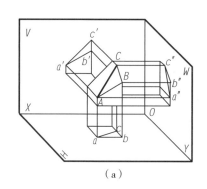 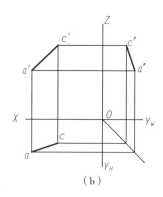

（a）　　　　　　　　　　　　　　　　　　　（b）

图 2-14　一般位置直线

根据图 2-14,归纳得出一般位置直线的投影特性如下:

(1)直线的三个投影与任一投影轴既不平行也不垂直;

(2)直线的任一投影均不能反映这条直线的实长,且均小于实长;

(3)直线的任一投影与投影轴的夹角均不能反映空间直线与相应投影面的真实夹角。

2.4.3　平面的投影

空间物体上的平面是由若干条线围成的平面。根据平面与投影面的位置,可以分为三类:投影面垂直面、投影面平行面和一般位置平面。

1. 投影面垂直面

垂直于一个投影面,而倾斜于另外两个投影面的平面称为投影面垂直面。其中,垂直于正立投影面(V 面),而倾斜于水平投影面(H 面)和侧立投影面(W 面)的平面称为正垂面;垂直于水平投影面(H 面),而倾斜于正立投影面(V 面)和侧立投影面(W 面)倾斜的平面称为铅垂面;垂直于侧立投影面(W 面),而倾斜于正立投影面(V 面)和水平投影面(H 面)的平面称为侧垂面。投影面垂直面与水平投影面(H 面)的夹角用 α 表示,与正立投影面(V 面)的夹角用 β 表示,与侧立投影面(W 面)的夹角用 γ 表示,α、β、γ 均小于或等于 90°。

图 2-15(a) 中的平面为正垂面,该平面的正面投影积聚为一条直线,并能反映该平面与水平投影面(H 面)的夹角 α 和与侧立投影面(W 面)的夹角 γ;其水平投影和侧面投影与该平面类似,面积小于实际面积。图 2-15(b) 中的平面为铅垂面,该平面的水平投影积聚为一条直线,并能反映该平面与正面投影面(V 面)的夹角 β 和与侧立投影面(W 面)的夹角 γ;其正面投影和侧面投影与该平面类似,面积小于实际面积。图 2-15(c) 中的平面为侧垂面,该平面

的侧面投影积聚为一条直线,并能反映该平面与水平投影面(H 面)的夹角 α 和与正立投影面(V 面)的夹角 β;其正面投影和水平投影与该平面类似,面积小于实际面积。

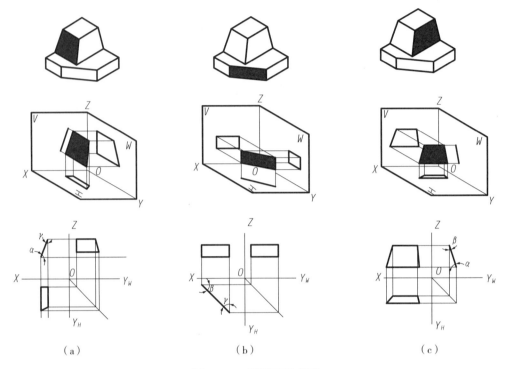

（a）   （b）   （c）

图 2-15 投影面垂直面

根据图 2-15,投影面垂直面的投影特性可归纳如下:

(1) 平面在与其所垂直的投影面上的投影积聚为一条直线,该直线与两投影轴的夹角分别反映该平面与相应投影面的真实夹角;

(2) 平面的另两个投影均为实形的类似形,且面积均小于实际面积。

2.投影面平行面

平行于某一个投影面,同时垂直于另外两个投影面的平面称为投影面平行面。其中,平行于正立投影面(V 面),同时与水平投影面(H 面)和侧立投影面(W 面)垂直的平面称为正平面;平行于水平投影面(H 面),同时与正立投影面(V 面)和侧立投影面(W 面)垂直的平面称为水平面;平行于侧立投影面(W 面),同时与正立投影面(V 面)和水平投影面(H 面)垂直的平面称为侧平面。

图 2-16(a)中的平面为正平面,其正面投影反映实形,水平投影和侧面投影积聚为直线,且分别平行于 X 轴和 Z 轴。图 2-16(b)中的平面为水平面,其水平投影反映实形,正面投影和侧面投影积聚为直线,且分别平行于 X 轴和 Y 轴。图 2-16 (c)中的平面为侧平面,其侧面投影反映实形,正面投影和水平投影积聚为直线,且分别平行于 Z 轴和 Y 轴。

根据图 2-16,投影面平行面的投影特性可归纳如下:

(1) 平面在所平行的投影面上的投影反映该平面的实形;

(2) 平面的另两个投影均积聚成一条直线,且分别平行于相应的投影轴。

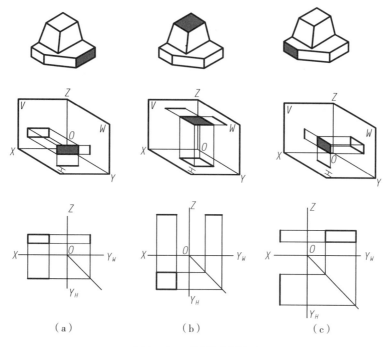

（a）　　　　　　　　　　　（b）　　　　　　　　　　　（c）

图 2-16　投影面平行面

3. 一般位置平面

同时倾斜于三个投影面的平面称为一般位置平面。图 2-17 中平面 ABC 就是一般位置平面。

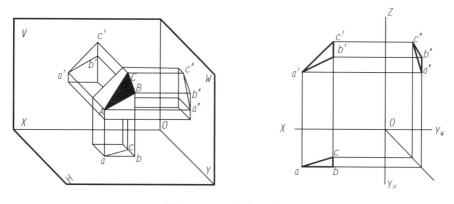

图 2-17　一般位置平面

根据图 2-17，一般位置平面的投影特性可归纳如下：

（1）三个投影均不反映平面的实形；

（2）三个投影均没有积聚性；

（3）三个投影均为实形的类似形，且面积均小于实际面积。

思 考 题

2-1　哪种投影方法能够反映实形？说出中心投影法和正投影法的区别。

2-2　说出投影面垂直线、投影面平行线和一般位置直线的区别。

2-3　说出投影面垂直面、投影面平行面和一般位置平面的区别。

2-4　画出题 2-4 图所示物体的三视图。

2-5　画出题 2-5 图所示物体的六视图。

题 2-4 图　　　　　　　　　　　题 2-5 图

2-6　已知题 2-6 图所示物体的主视图、俯视图和左视图，请画出该物体的仰视图、右视图和后视图。

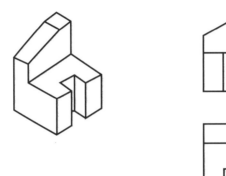

题 2-6 图

2-7　根据题 2-7 图所示的主视图和左视图想象物体的形状，并补画出其俯视图。

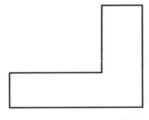
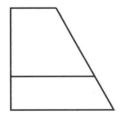

题 2-7 图

2-8　根据题2-8图所示的主视图和左视图想象物体的形状,并补画出其俯视图。

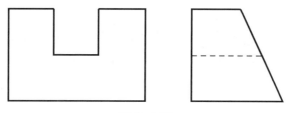

题 2-8 图

第**3**章 立体及交线

空间立体由多个平面或曲面构成。完全由平面构成的立体称为平面立体，如棱柱、棱锥等；由平面和曲面或者全部由曲面构成的立体称为曲面立体。如图 3-1 所示，其中六棱柱是平面立体，圆柱、圆锥和球都是曲面立体。

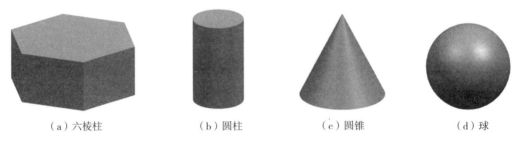

（a）六棱柱 　　　　（b）圆柱 　　　　（c）圆锥 　　　　（d）球

图 3-1　平面立体和曲面立体

本章主要介绍平面立体、曲面立体、平面与立体相交以及立体与立体相交等内容。

3.1　平面立体

棱柱和棱锥都是比较常见的平面立体。如图 3-2(a)所示为一个正六棱柱，其顶面和底面都是水平面，前表面和后表面都是正平面，其余表面是铅垂面，竖直的棱线都是铅垂线。在绘制其三视图时，先画顶面和底面的投影，这两个面是水平面，在俯视图中反映实形，在主视图和左视图中都积聚成直线。然后绘制其他表面的投影，根据"长对正、宽相等、高平齐"的投影规律，绘制其他表面的视图，则该六棱柱的三视图绘制完成，如图 3-2(b)所示。

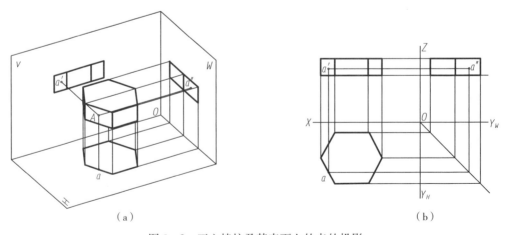

（a） 　　　　　　　　　　　　　　　（b）

图 3-2　正六棱柱及其表面上的点的投影

　　平面立体表面上取点的方法和平面上取点的方法相同。在正六棱柱的表面上取点时，可以利用表面的积聚性求取点的投影。图 3-2(a)中有一点 A 位于左侧棱面上，已知其正面投影 a'，需要求取它的水平投影 a 和侧面投影 a''。根据棱面的水平投影具有积聚性的特点，求出水平投影 a，然后根据正面投影 a' 和水平投影 a 求出侧面投影 a''，如图 3-2(b)所示。在求取点的投影时，需要注意其可见性。

　　如图 3-3(a)所示为一个三棱锥，其底面为水平面，左侧表面为正垂面，前表面和后表面都是铅垂面，棱线 SB 是铅垂线。由于底面反映实形，先绘制底面的俯视图，再绘制锥顶点 S 的各面投影，连接各个顶点的同面投影，即可完成三棱锥的三视图。

　　图 3-3 中已知点 D 的水平投影 d，通过水平投影位置，判定点 D 位于左侧表面上，从 d 作 X 轴的垂线与 $s'a'$ 相交，得到点 D 的正面投影 d'，根据正面投影 d' 和水平投影 d 求出侧面投影 d''。

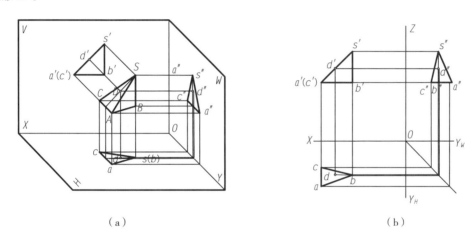

图 3-3　三棱锥及其表面上的点的投影

3.2　曲面立体

　　比较常见的曲面立体有圆柱、圆锥、球等。如图 3-4 所示为一个轴线铅垂的圆柱，其水平投影积聚为圆，正面投影和侧面投影都是矩形。绘制正面投影时，需要绘制最左和最右两条轮廓素线的位置。绘制侧面投影时，需要绘制最前和最后两条轮廓素线的位置。绘制圆柱的三视图时，应画出各投影的轴线和对称中心线。

　　图 3-4 中已知点 A 的正面投影和点 C 的水平投影，根据点 A 的正面投影，可以判定点 A 在圆柱曲面的左前侧。位于圆柱曲面上的点的水平投影都积聚在圆柱的水平投影上，因此点 A 的水平投影在圆柱的水平投影上。根据点 A 的正面投影 a' 和水平投影 a 求出侧面投影 a''。根据点 C 的水平投影可见，可以判断其在圆柱上表面上。因此从水平投影 c 作 X 轴垂线，与上表面正面投影相交，得到正面投影 c'，根据正面投影 c' 和水平投影 c 求出侧面投影 c''。

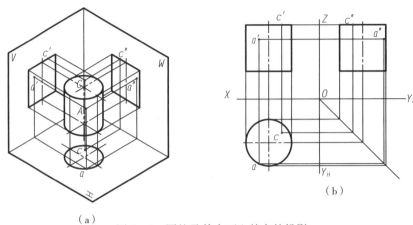

图 3-4　圆柱及其表面上的点的投影

如图 3-5 所示为一个圆锥,其水平投影为圆,正面投影和侧面投影都是等腰三角形。绘制正面投影时,需要绘制最左和最右两条轮廓素线的位置。绘制侧面投影时,需要绘制最前和最后两条轮廓素线的位置。绘制圆锥的三视图时,应画出各投影的轴线和对称中心线。

在圆锥曲面上作点的投影有两种方法:一种是辅助素线法,另一种是辅助圆法。

图 3-5 中已知点 A 的正面投影,根据点 A 的正面投影,可以判定点 A 在圆锥曲面的左前侧。过圆锥顶点 S 和点 A 作辅助线 SB,根据点 A 的正面投影,可以作出辅助线 SB 的正面投影 $s'b'$,然后作出其水平投影 sb,从而作出点 A 的水平投影 a,根据正面投影 a' 和水平投影 a 求出侧面投影 a''。

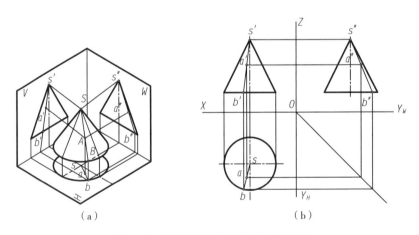

图 3-5　用辅助素线法求圆锥的投影

图 3-6 中,过点 A 作一平行于圆锥底面的水平辅助圆,该圆的半径为 r。该圆的正面投影为过正面投影 a',且平行于圆锥底面正面投影的直线。该圆的水平投影为半径为 r 的圆,水平投影 a 一定在该圆的水平投影上。然后根据正面投影 a' 和水平投影 a 求出侧面投影 a''。

如图 3-7 所示为一个球,其正面投影、水平投影和侧面投影都是圆。球的正面投影表示前后半球的分界线,球的水平投影表示上下半球的分界线,球的侧面投影表示左右半球的分界线。绘制球的三视图时,应画出各投影的对称中心线。

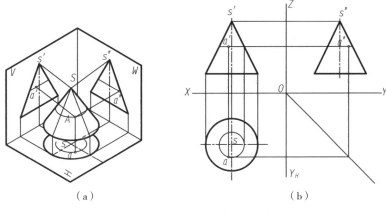

图 3 - 6　用辅助圆法求圆锥的投影

图 3 - 7 中,已知点 A 的正面投影,根据点 A 的正面投影,可以判定点 A 在球曲面的左侧、前侧、上侧。过点 A 作一水平辅助圆,该圆的半径为 r。该圆的正面投影为过正面投影 a' 的一条直线,侧面投影为过侧面投影 a'' 的一条直线。该圆的水平投影为半径为 r 的圆,水平投影 a 一定在该圆的水平投影上。根据正面投影 a' 和水平投影 a,可以求出侧面投影 a''。同理,过点 A 也可以作一正平辅助圆或一侧平辅助圆来求取点 A 的水平投影和侧面投影。

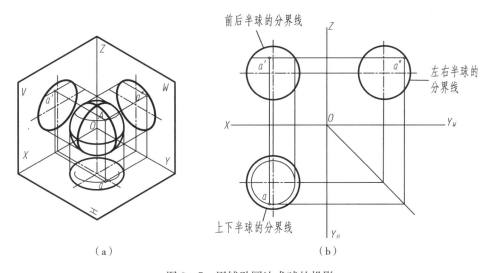

图 3 - 7　用辅助圆法求球的投影

3.3　平面与立体相交

当平面与立体相交时,立体被平面切割,称为截切,该平面称为截平面。截平面与立体表面产生的交线称为截交线。截交线的性质如下:

（1）共有性——截交线是截平面与立体表面共有点组成的共有线。

（2）封闭性——截交线是封闭的平面图形。

立体形状不同、平面截切位置不同都会对截交线的形状产生影响。求取截交线投影的问题实质上就是求作平面与立体表面一系列共有点的问题。

求取截交线投影的基本作图方法如下：

（1）分析形体，并分析截交线的形状；

（2）确定已知截交线的投影；

（3）在已知的投影上取特殊位置点和一般位置点，其中特殊位置点包括最上、最下、最左、最右、最前、最后各点，特殊位置点以外的点为一般位置点；

（4）先求特殊位置点的投影，后求一般位置点的投影，注意点的可见性；

（5）将各点的投影光滑连线。

3.3.1　平面与平面立体相交

平面与平面立体相交，其截交线形状为一个封闭的多边形。求取截交线投影实质上就是求取截平面与平面立体各棱线的交点，然后求取截平面与平面立体各表面的交线。

[**例3-1**]　补全图3-8中切割后的三棱锥的水平投影和侧面投影。

分析：从图3-8可以看出，截平面为正垂面，该平面切割三棱锥后，与三棱锥的三条棱线共有三个交点，将这些交点按顺序连线，可以得到该平面与三棱锥三个平面的共有线，从而得到截交线。因此需要先求取截平面与三条棱线的交点，接着找到这些点的投影，然后将这些点的投影依次连线，最后补全截交线的水平投影和侧面投影以及三棱锥的侧面投影。

解：1）由图3-8可知，三棱锥底面为水平面，因此三棱锥底面的侧面投影为一条水平线。由点 A、B、C 的正面投影和水平投影，可以得到三点的侧面投影 a''、b''、c''，如图3-9(a)所示。

2）由图3-8可知，截平面为正垂面，可以得到该面与三棱锥的三条棱线的交点Ⅰ、Ⅱ、Ⅲ的正面投影分别为 $1'$、$2'$、$3'$，如图3-9(b)所示。

图3-8　截切的三棱锥

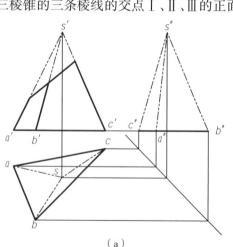

（a）

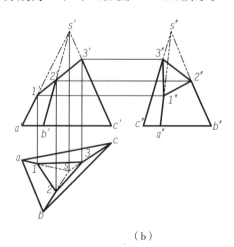

（b）

图3-9　截切三棱锥的绘图步骤

3) 由于Ⅰ、Ⅱ、Ⅲ三点都在三棱锥棱线上,利用投影规律可以分别求取水平投影1、2、3。

4) 由Ⅰ、Ⅱ、Ⅲ三点的正面投影和水平投影,可以得到侧面投影1″、2″、3″。

5) 将水平投影1、2、3按顺序连线,得到截交线的水平投影。

6) 将侧面投影1″、2″、3″按顺序连线,得到截交线的侧面投影。

7) 补全三棱锥棱边的投影。

[**例 3-2**] 已知正六棱柱被截切,补全图3-10(a)中的水平投影和侧面投影。

分析:从图3-10(a)可以看出,该正六棱柱被一个正垂面和一个侧平面截切,因此需要

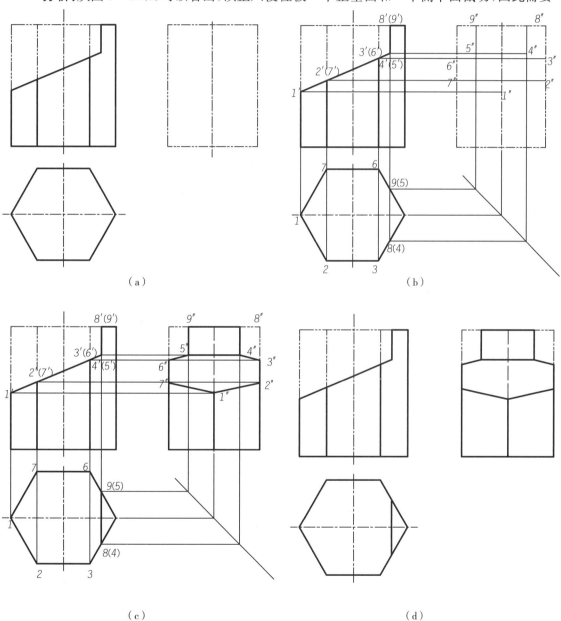

（a）　　　　　　　　　　　（b）

（c）　　　　　　　　　　　（d）

图 3-10　截切六棱柱的绘图步骤

补全这两个平面与六棱柱的截交线的投影。首先需要在主视图中找到正垂面与棱线的交点、侧平面与棱柱的交点以及正垂面与侧平面的交点,然后找这些点的水平投影和侧面投影,最后补全投影。

解:1) 由图 3 - 10(a) 可知,正六棱柱的上部被一个正垂面和一个侧平面截切。正垂面与六棱柱的棱线有五个交点,分别为Ⅰ、Ⅱ、Ⅲ、Ⅵ、Ⅶ,在主视图中分别用 1′、2′(7′)、3′(6′) 标出这些点的正面投影。两个截平面交线的端点分别用Ⅳ和Ⅴ表示,在主视图中用 4′(5′) 标出。侧平面与六棱柱上表面交线的端点分别用Ⅷ和Ⅸ表示,在主视图中用 8′(9′) 标出。

2) 利用投影规律,在俯视图中分别找到这九个点的水平投影 1、2、3、6、7、8(4)、9(5)。

3) 根据这九个点的正面投影和水平投影,分别作出侧面投影 1″、2″、3″、4″、5″、6″、7″、8″、9″,如图 3 - 10(b)所示。

4) 将这些点按顺序连线,并绘制六棱柱轮廓的侧面投影。需要注意,被遮挡的棱线应用虚线绘制,如图 3 - 10(c)所示。

5) 去除辅助线和点的编号,得到的结果如图 3 - 10(d)所示。

3.3.2　平面与圆柱相交

平面与圆柱相交,当截平面的位置不同时,得到的截交线形状不同。截交线有三种情况:截平面倾斜于圆柱轴线、截平面垂直于圆柱轴线、截平面平行于圆柱轴线。参见表3 - 1。在求平面与圆柱的截交线时,需要先找特殊位置点,再找一般位置点。求取特殊位置点和一般位置点的投影后光滑连接这些点,得到截交线的投影。在求取点的投影时,需要注意点的可见性。

表 3 - 1　平面与圆柱的截交线

常 见 形 式	立 体 图	投 影 图
截平面倾斜于圆柱轴线(截平面为正垂面),截交线形状为椭圆	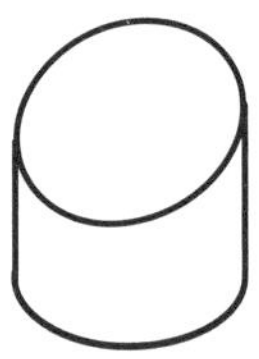	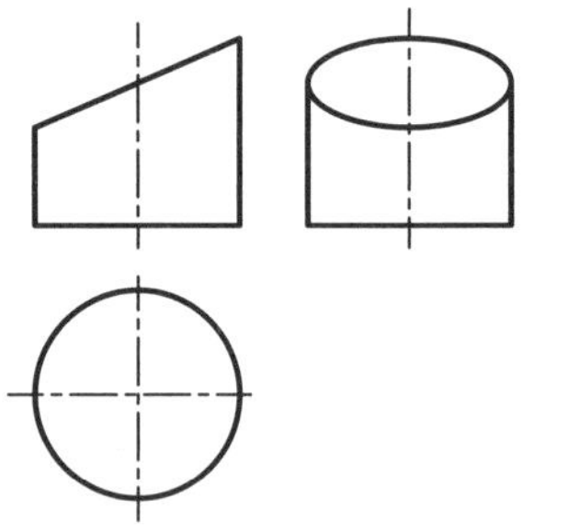
截平面垂直于圆柱轴线,截交线形状为圆	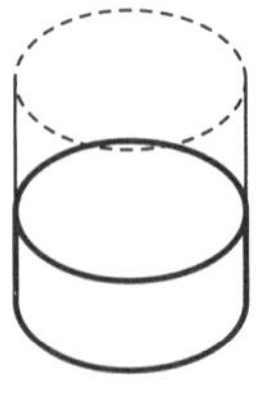	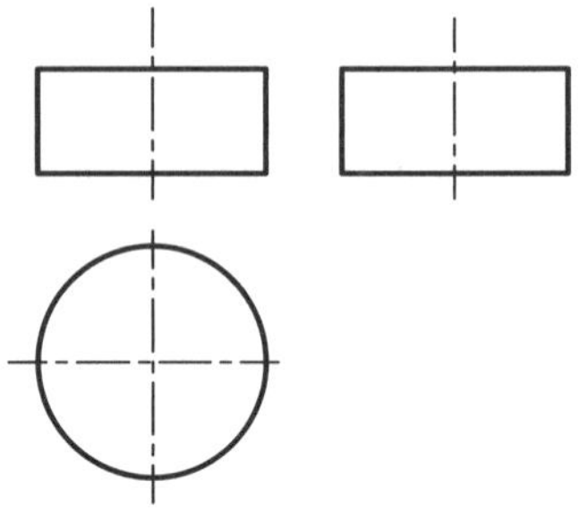

续表

常 见 形 式	立 体 图	投 影 图
截平面平行于圆柱轴线,截交线形状为矩形	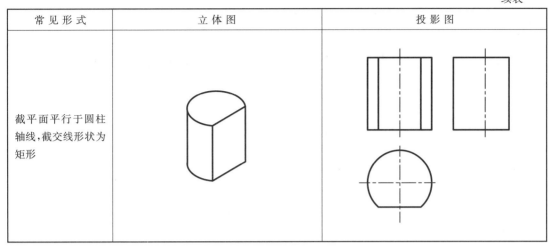	

[例 3 - 3]　一个正垂面截切直立圆柱,如图 3 - 11(a)所示,绘制截交线投影。

分析:从图 3 - 11(a)可知,轴线铅垂的圆柱被一个正垂面截切,其截交线为一个椭圆,其正面投影积聚为一条直线,其水平投影积聚在圆柱的水平投影上,可以利用积聚性,求出其侧面投影。

解:1) 在已知截切面上找特殊位置点,特殊位置点包括最上点Ⅷ、最下点Ⅰ、最前点Ⅳ、最后点Ⅴ。然后找一般位置点Ⅱ、Ⅲ、Ⅵ、Ⅶ。

2) 利用投影规律直接找到特殊位置点的水平投影 1、4、5、8 和侧面投影 1″、4″、5″、8″。对于一般位置点,利用圆柱曲面上点的水平投影积聚在圆柱的水平投影上这一特点,先由一

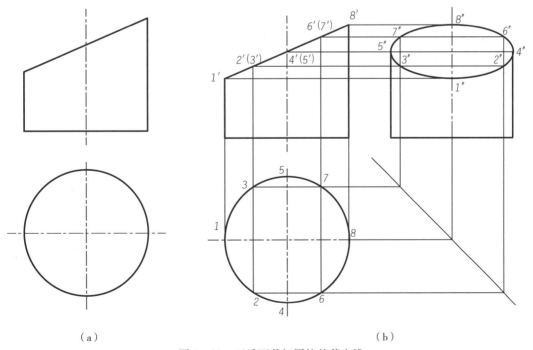

（a）　　　　　　　　　　　　　　　　（b）

图 3 - 11　正垂面截切圆柱的截交线

般位置点的正面投影 $2'(3')$ 和 $6'(7')$ 确定它们的水平投影 2、3、6、7,然后通过一般位置点的正面投影和水平投影,确定它们的侧面投影 $2''$、$3''$、$6''$、$7''$。在求取点的投影时,应注意可见性。

3) 按 $1''$、$2''$、$4''$、$6''$、$8''$、$7''$、$5''$、$3''$、$1''$ 的顺序光滑连接所有点的侧面投影,可见部分用粗实线绘制。

4) 根据投影规律补画圆柱的侧面投影,如图 3-11(b)所示。

当截平面与圆柱底面的角度发生改变时,椭圆的形状即椭圆的长轴和短轴的长度也会发生变化。

3.3.3 平面与圆锥相交

平面与圆锥相交,当截平面的位置不同时,截交线形状不同。截交线有五种情况:截平面过锥顶、截平面垂直于圆锥轴线($\theta=90°$)、截平面倾斜于圆锥轴线($\alpha<\theta$)、截平面平行于一条素线($\alpha=\theta$)、截平面平行于两条素线或圆锥轴线($\theta=0°$ 或 $\theta<\alpha$)。参见表 3-2。

表 3-2　平面与圆锥的截交线

常 见 形 式	立 体 图	投 影 图
截平面过锥顶,截交线为三角形	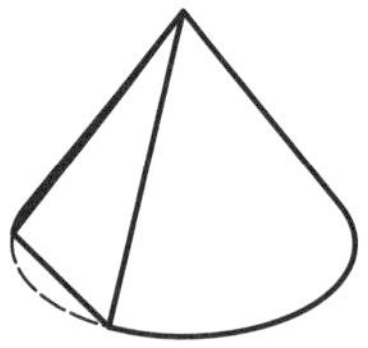	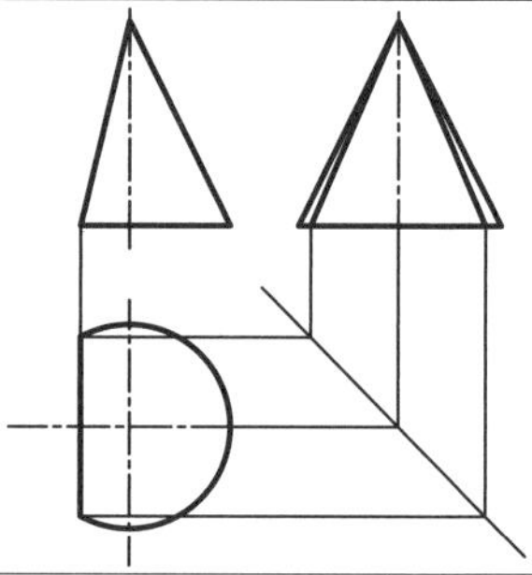
截平面垂直于圆锥轴线($\theta=90°$),截交线为圆	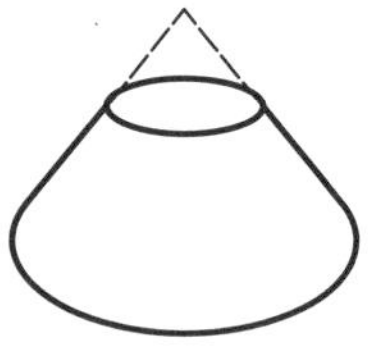	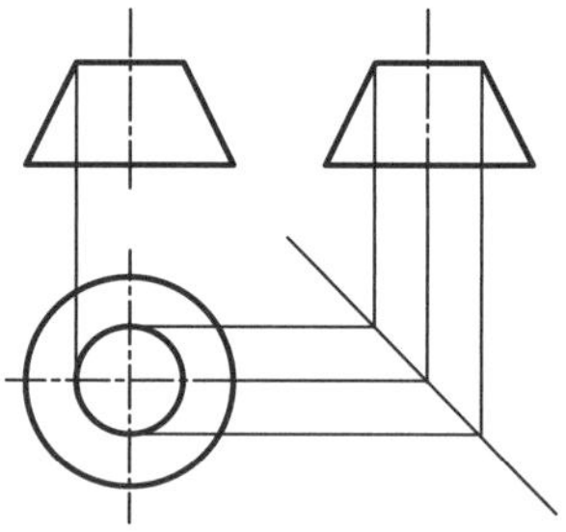
截平面倾斜于圆锥轴线($\alpha<\theta$),截交线为椭圆		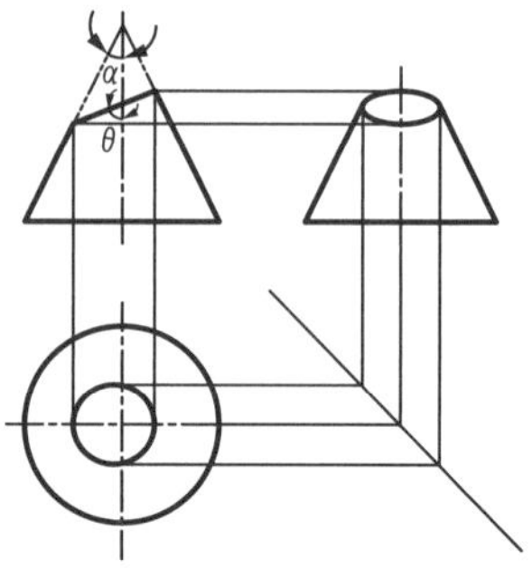

续表

常 见 形 式	立 体 图	投 影 图
截平面平行于一条素线($\alpha=\theta$),截交线为抛物线	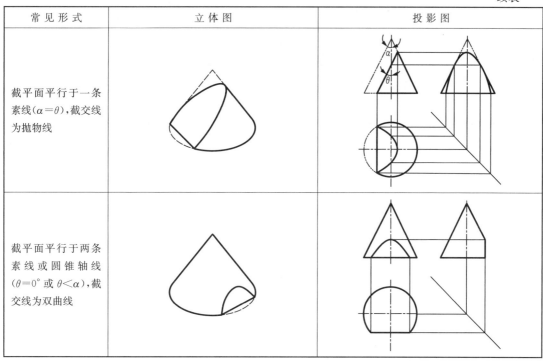	
截平面平行于两条素线或圆锥轴线($\theta=0°$或$\theta<\alpha$),截交线为双曲线		

[**例 3-4**] 圆锥被一个正垂面截切,如图 3-12(a)所示,补全其水平投影和侧面投影。

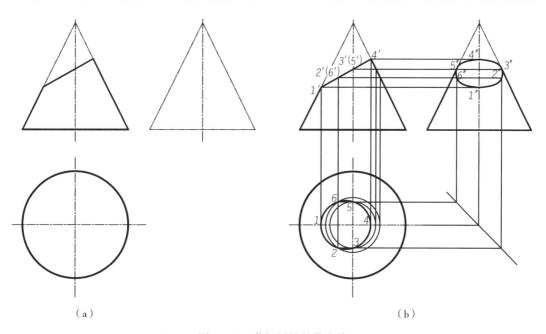

(a)	(b)

图 3-12 截切圆锥的截交线

分析:圆锥的截平面为正垂面,截交线的正面投影积聚为一条直线。首先在截交线正面投影上找到特殊位置点和一般位置点的正面投影,然后利用投影规律作出这些点的水平投影和侧面投影,再将点的各面投影光滑连线,即得该圆锥的水平投影和侧面投影。需要注意点的可见性。

解:1) 圆锥被正垂面截切后,截交线上的特殊位置点包括最上点Ⅳ、最下点Ⅰ、最前点Ⅲ、最后点Ⅴ,一般位置点选取点Ⅱ、Ⅵ。由于截切面为正垂面,该面正面投影在主视图上积聚为一条直线,因此在这条直线上分别标出特殊位置点和一般位置点的正面投影$1'$、$2'(6')$、$3'(5')$、$4'$。

2) 利用投影规律直接找到特殊点Ⅰ和Ⅳ的水平投影1和4以及侧面投影$1''$和$4''$,然后利用投影规律找到特殊点Ⅲ和Ⅴ的侧面投影$3''$和$5''$,再通过辅助圆法,找到这两点的水平投影3和5。对于一般点Ⅱ和Ⅵ,通过辅助圆法找到这两点的水平投影2和6以及侧面投影$2''$和$6''$。

3) 按1、2、3、4、5、6、1的顺序光滑连线,完成截交线的水平投影。

4) 按$1''$、$2''$、$3''$、$4''$、$5''$、$6''$、$1''$的顺序光滑连线,完成截交线的侧面投影。

5) 根据投影规律补画圆锥的侧面投影,如图3-12(b)所示。

3.3.4 平面与球相交

平面与球相交,截交线形状都是圆。但是平面截切位置不同,截交线的投影形状不同,参见表3-3。

表3-3 平面与球的截交线

常 见 形 式	立 体 图	投 影 图
截平面为投影面平行面	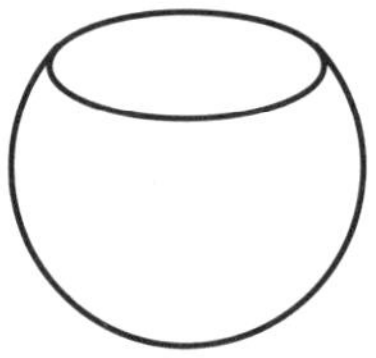	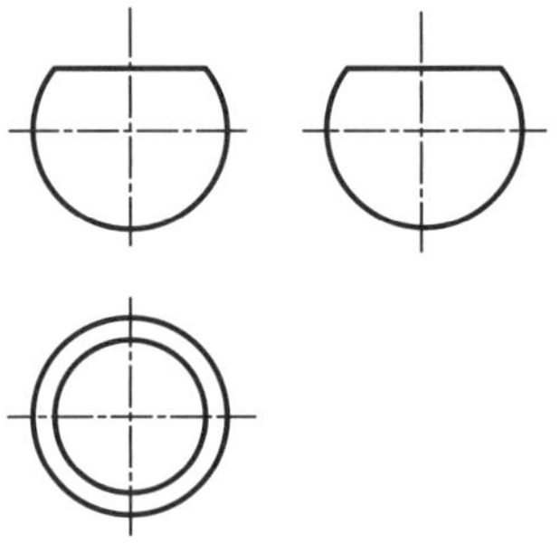
截平面为投影面垂直面	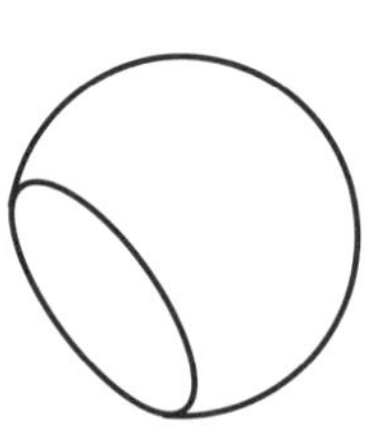	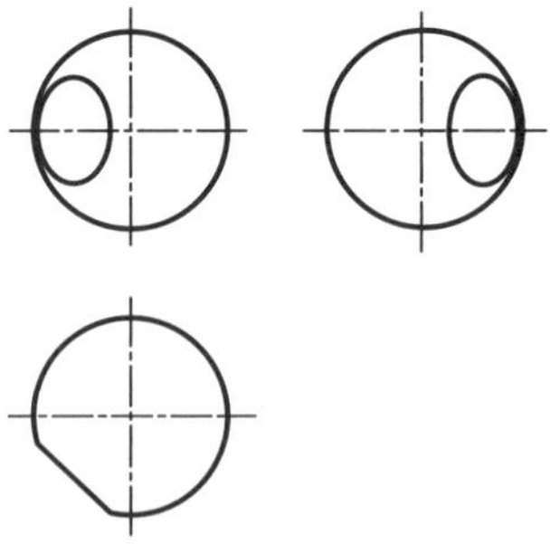

[例3-5] 球被截切,如图3-13(a)所示,补全其水平投影和侧面投影。

分析:从图3-13(a)中可以看出球被两个侧平面和一个水平面切割,侧平面切割球,截交线为侧平圆的一部分,水平面切割球,截交线为水平圆的一部分。

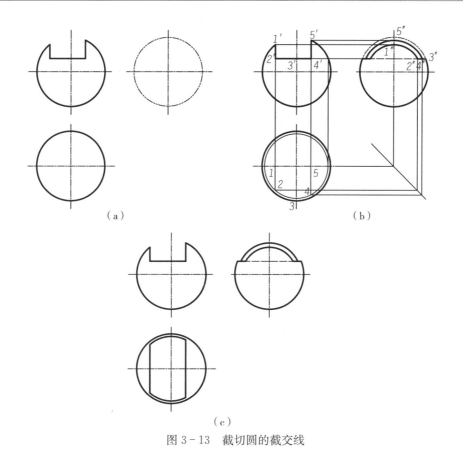

图 3-13 截切圆的截交线

解:1) 如图 3-13(b)所示,在主视图中分别标注五个特殊位置点 Ⅰ、Ⅱ、Ⅲ、Ⅳ、Ⅴ 的正面投影 $1'$、$2'$、$3'$、$4'$、$5'$。

2) 两个侧平面在俯视图的投影为直线,利用投影规律作出直线并找到水平投影 1 和 5。过正面投影 $2'$ 作平行于 X 轴的直线与圆相交,得到水平截切圆的半径,作辅助圆,利用投影规律得到水平投影 2、3 和 4。

3) 两个侧平面的水平投影为直线,水平面的水平投影为圆的一部分,根据投影规律补画球的水平投影。

4) 分别根据五个点的正面投影 $1'$、$2'$、$3'$、$4'$、$5'$ 和水平投影 1、2、3、4、5,作出这些点的侧面投影 $1''$、$2''$、$3''$、$4''$、$5''$。

5) 两个侧平面的侧面投影为侧平圆,水平面的侧面投影为直线,一部分可见(粗实线),一部分不可见(虚线)。根据投影规律补画球的侧面投影,如图 3-13(c)所示。

3.4 立体与立体相交

工程中的机件常常由多个立体相交而成。两个立体相交称为相贯,由立体相交而形成的表面交线称为相贯线。相贯线是相交的两立体表面共有点组成的共有线。一般情况下,相贯线是封闭的空间曲线,特殊情况下也可以是平面曲线或直线。相贯线的形状与两个立体的形状及两个立体的相对位置有关。求取相贯线的基本步骤如下：

（1）对立体进行形体分析，分析相贯线的形状。

（2）求取相贯线上的特殊位置点和一般位置点，特殊位置点包括最上、最下、最左、最右、最前、最后各点。通常先求特殊位置点的投影，再求一般位置点的投影。需要注意点的可见性。

（3）将各点的投影按顺序光滑连线，需要注意各部分的可见性。

3.4.1　圆柱与圆柱相交

在机件中，圆柱与圆柱、圆柱与圆柱孔、圆柱孔与圆柱孔正交的情况很常见，如表 3 - 4 所示。当圆柱的直径或圆柱孔的直径发生变化时，相贯线的形状都会随之变化。

表 3 - 4　圆柱以及圆柱孔正交

常 见 形 式	立 体 图	投 影 图
圆柱与圆柱正交（直径相等），相贯线为两个相交的椭圆		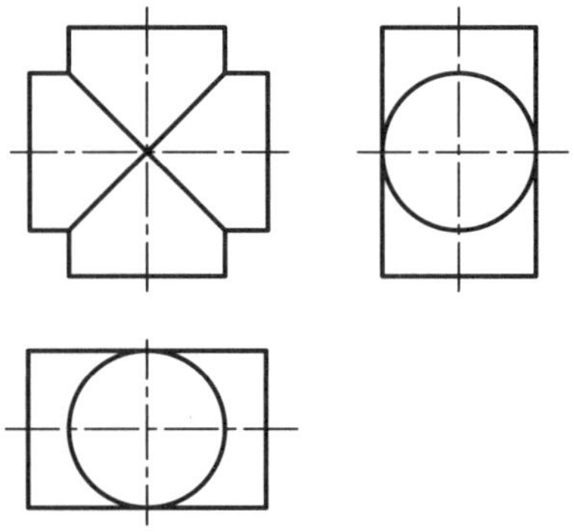
圆柱与圆柱正交（水平圆柱直径较大）		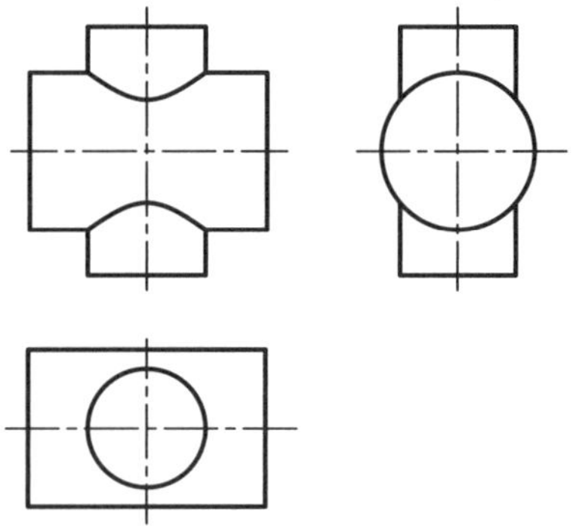
圆柱与圆柱正交（水平圆柱直径较小）		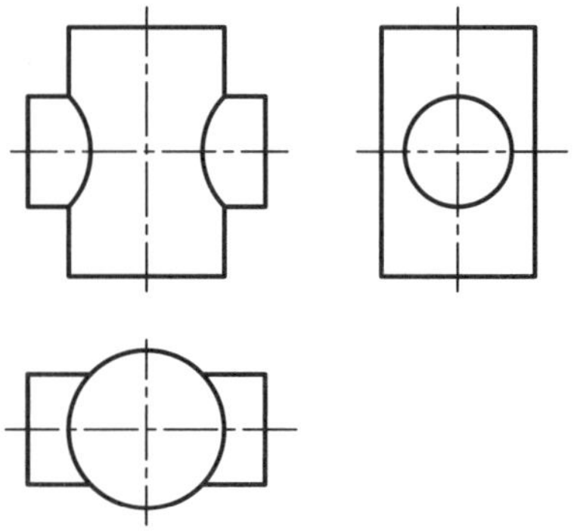

续表

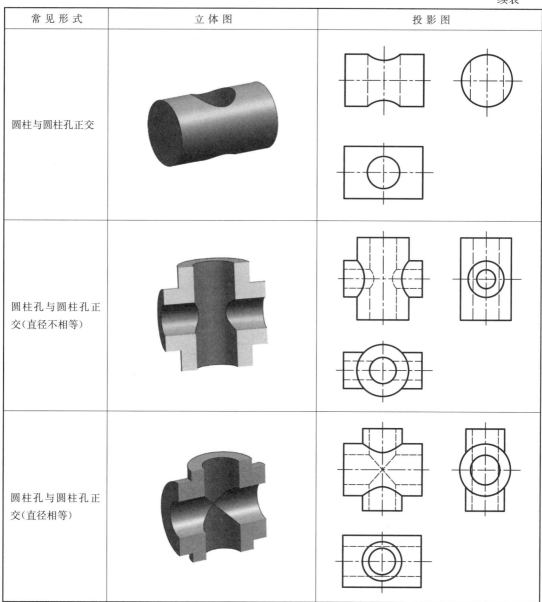

常 见 形 式	立 体 图	投 影 图
圆柱与圆柱孔正交		
圆柱孔与圆柱孔正交(直径不相等)		
圆柱孔与圆柱孔正交(直径相等)		

[例 3 - 6] 补全如图 3 - 14(a)所示两正交圆柱的相贯线。

分析:由图 3 - 14(a)可知,两圆柱正交,直立圆柱直径较大。两圆柱相贯线的水平投影与大圆柱的水平投影重合,为两段圆弧,相贯线的侧面投影与小圆柱的侧面投影重合,相贯线的正面投影需要补画。

解:1) 首先在两个圆柱的水平投影上找到左侧相贯线的特殊位置点,包括最上点Ⅰ、最下点Ⅱ、最前点Ⅲ、最后点Ⅳ;然后找到右侧相贯线的特殊位置点,包括最上点Ⅶ、最下点Ⅷ、最前点Ⅸ、最后点Ⅹ;再在水平投影上选取一般位置点Ⅴ、Ⅵ、Ⅺ、Ⅻ。分别标出这些点的水平投影 1(2)、3、4、5(6)、7(8)、9、10、11(12)。

2) 利用投影关系直接找到特殊点Ⅰ、Ⅱ、Ⅲ、Ⅳ、Ⅶ、Ⅷ、Ⅸ、Ⅹ的正面投影 $1'$、$2'$、$3'$、$4'$、$7'$、$8'$、$9'$、$10'$。对于一般位置点Ⅴ、Ⅵ、Ⅺ、Ⅻ，其侧面投影会积聚在小圆上，可以通过这些点的水平投影以及投影规律确定它们的侧面投影 $5''(11'')$、$6''(12'')$，然后再通过这些点的水平投影 $5(6)$、$11(12)$ 和侧面投影 $5''(11'')$、$6''(12'')$ 确定它们的正面投影 $5'$、$6'$、$11'$、$12'$。

3) 按顺序光滑连接所有点的正面投影，可见部分用粗实线绘制，不可见部分用虚线绘制，如图 3-14(b) 所示。

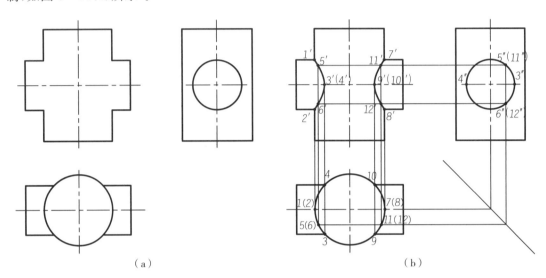

（a）　　　　　　　　　　　　　　　　　　（b）

图 3-14　两正交圆柱的相贯线

[例 3-7]　补全如图 3-15(a) 所示立体的相贯线。

分析：由图 3-15(a) 可知，两圆柱正交，一个圆柱轴线垂直于水平面，另一个圆柱轴线垂直于侧平面；水平圆柱孔从左到右贯通，与竖直圆柱正交相贯；竖直圆柱孔从上到下贯通，两个圆柱孔正交相贯。

解：1) 绘制两圆柱表面正交的相贯线。

2) 绘制水平圆柱孔与竖直圆柱的相贯线。

3) 绘制两个圆柱孔的相贯线。绘图过程参见图 3-15(b)。

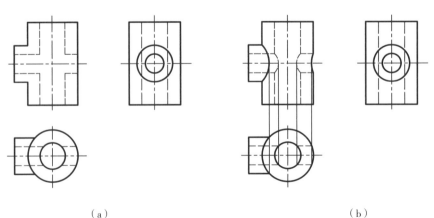

（a）　　　　　　　　　　　　　　　　　　（b）

图 3-15　多曲面立体相交的相贯线

3.4.2　圆柱与圆锥相交

圆柱与圆锥正交的常见形式如表 3-5 所示,从表中可以看出,当圆锥和圆柱尺寸发生变化时,相贯线形状会发生变化。同样地,当圆锥和圆柱的位置发生变化时,相贯线形状也会发生变化。

表 3-5　圆柱与圆锥正交的常见形式

常 见 形 式	立 体 图	投 影 图
圆锥贯穿圆柱	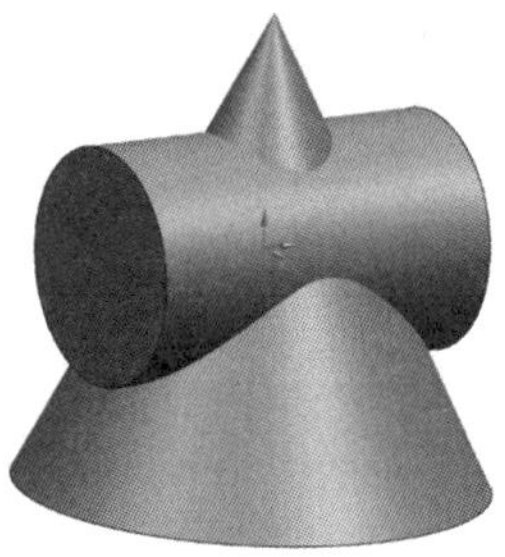	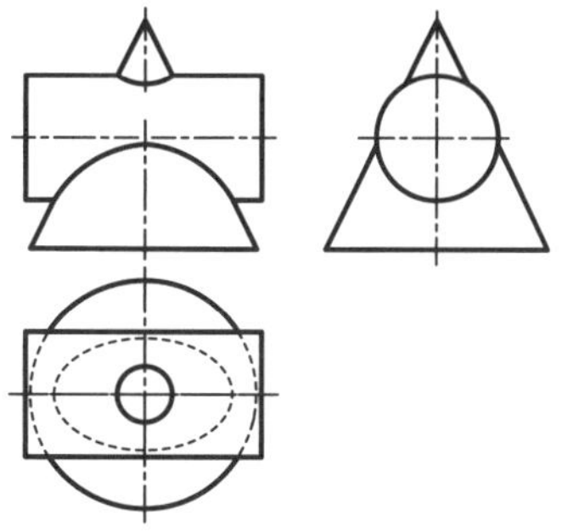
圆锥与圆柱共切于圆球	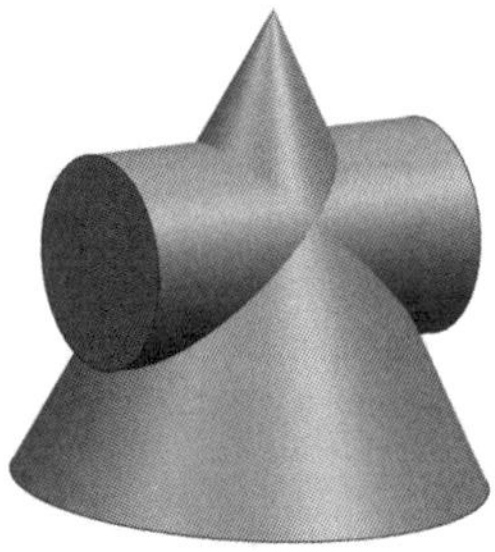	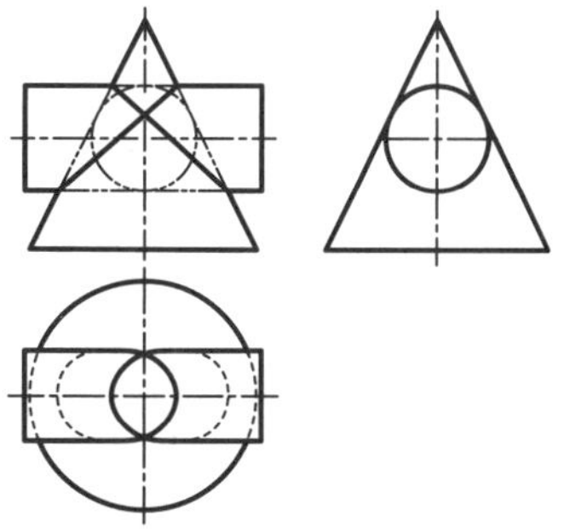
圆柱贯穿圆锥	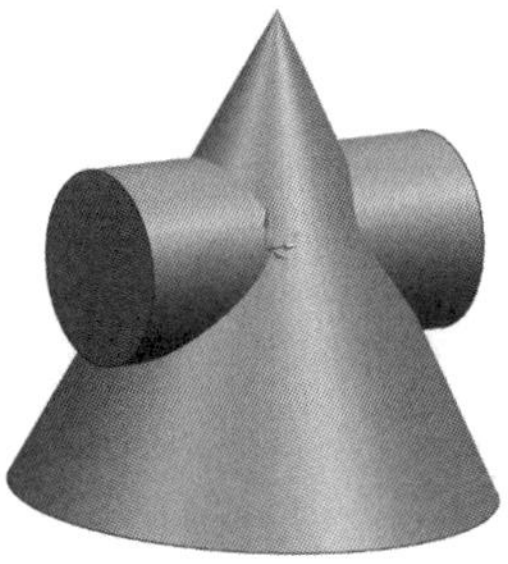	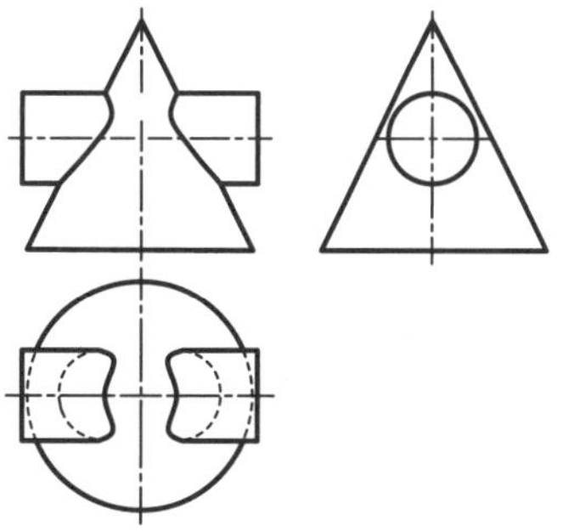

[例 3-8]　补全如图 3-16(a)所示圆柱和圆锥正交的相贯线。

分析:由图 3-16(a)可知,圆柱与圆锥正交,其相贯线的侧面投影与圆柱的侧面投影重合。在补相贯线投影过程中,需要找到特殊位置点和一般位置点,在求取一般位置点的投影时,可以采用辅助圆法。

解:1) 直接标出相贯线的特殊位置点最上点 Ⅰ 和最下点 Ⅱ 的正面投影 $1'$、$2'$ 和侧面投影 $1''$、$2''$,根据点的投影规律,作出两点的水平投影 1 和 2。

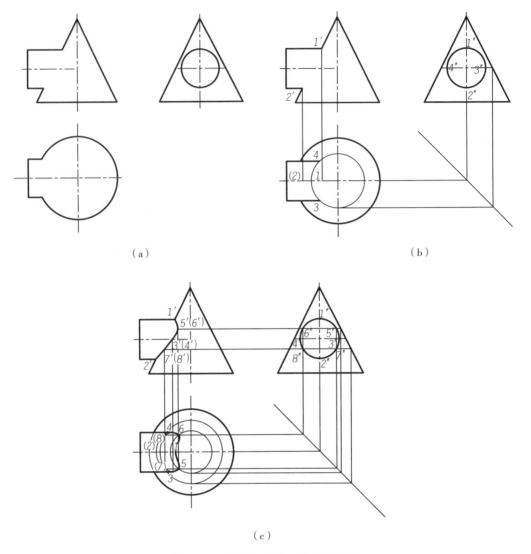

（a）　　　　　　　　　　　　　　　　（b）

（c）

图 3-16　圆柱与圆锥正交的相贯线

2）在相贯线的侧面投影中找到最前点Ⅲ和最后点Ⅳ的侧面投影 3″和 4″，过点Ⅲ和点Ⅳ作水平辅助圆，绘制该辅助圆的水平投影，最前点Ⅲ和最后点Ⅳ的水平投影 3 和 4 一定在这个辅助圆的水平投影上，由此作出它们的水平投影 3 和 4，如图 3-16（b）所示。

3）在相贯线的侧面投影中，取一般位置点Ⅴ、Ⅵ、Ⅺ、Ⅻ的侧面投影 5″、6″、7″、8″。过一般位置点Ⅴ和Ⅵ作水平辅助圆，绘制辅助圆的水平投影。点Ⅴ和Ⅵ的水平投影 5 和 6 一定在这个辅助圆的水平投影上，由此作出它们的水平投影 5 和 6。过一般位置点Ⅺ和Ⅻ作水平辅助圆，绘制辅助圆的水平投影。点Ⅺ和Ⅻ的水平投影 7 和 8 一定在这个辅助圆的水平投影上，由此作出它们的水平投影 7 和 8。根据一般位置点的水平投影和侧面投影，作出它们的正面投影 5′（6′）和 7′（8′）。注意判断特殊位置点和一般位置点的正面投影和水平投影的可见性。

4）按顺序光滑连接所有点的正面投影和水平投影，可见部分用粗实线绘制，不可见部分用虚线绘制，如图 3 - 16(c)所示。

3.4.3　圆柱与球相交

圆柱与球包括正交和偏交两种情况，如表 3 - 6 所示。从立体图可以看出，圆柱与球正交，相贯线形状为圆；圆柱与球偏交，相贯线形状为空间曲线。

表 3 - 6　圆柱与球正交和偏交的两种情况

常见形式	立 体 图	投 影 图
圆柱与球正交	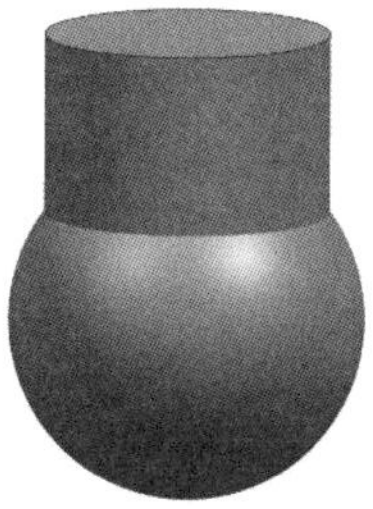	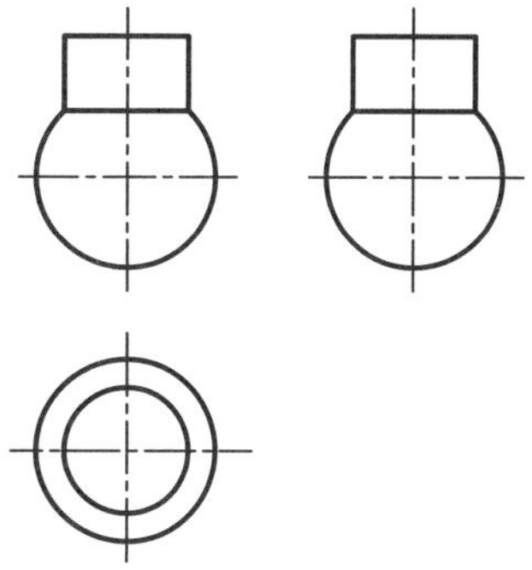
圆柱与球偏交		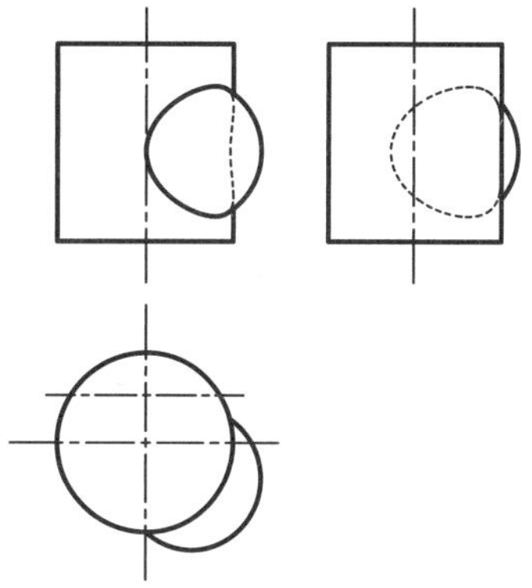

思 考 题

3 - 1　一个平面倾斜于圆柱轴线截切圆柱，截交线是什么形状？一个平面垂直于圆柱轴线截切圆柱，截交线是什么形状？一个平面平行于圆柱轴线截切圆柱，截交线是什么形状？

3 - 2　两个直径相同的圆柱正交，相贯线是什么形状？

3 - 3　球和圆柱正交，相贯线是什么形状？

3 - 4　截平面垂直于圆锥轴线，截交线是什么形状？

3 - 5　请补画题 3 - 5 图中缺少的线。

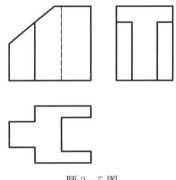

题 3-5 图

3-6　请补画题 3-6 图中缺少的线。

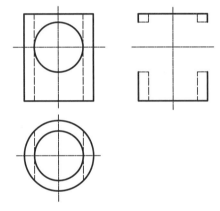

题 3-6 图

3-7　请补画题 3-7 图中缺少的线。

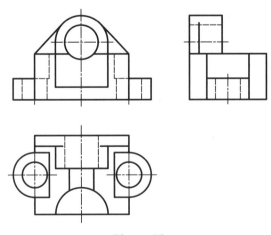

题 3-7 图

第4章 组合体

工程上的各种机件形状各异,但都由一些简单几何形体组合而成。这些由一些简单几何形体组合而成的形体称为组合形体,简称组合体。简单几何形体常常通过堆积、切割和综合等多种方式组合成组合体。本章主要介绍组合体的组合方式、组合体的绘图方法、组合体视图的尺寸标注、组合体读图以及由两个视图补画第三视图。

4.1 组合体的组合方式

组合体的组合方式分为堆积、相切、相交、切割等几种情况。

图 4-1 的组合体采用的就是堆积和切割相结合的组合方式。该组合体由三部分组成:底板部分为长方体;底板上方左侧为长圆柱,并在长圆柱内部挖槽贯通;底板上方右侧为长方体,并在长方体上部挖切半圆柱孔。多个形体堆积,有表面平齐和表面不平齐两种情况:图 4-1 中底板部分长方体前表面和其右上方长方体的前表面为表面平齐,底板部分长方体前表面和其上方长圆柱前表面为表面不平齐。绘制三视图时,需要注意这两种情况的差别。表面平齐与表面不平齐的画法如图 4-2 所示。

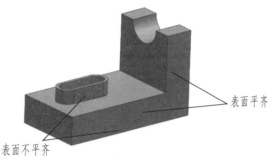

图 4-1 堆积和切割相结合的组合体

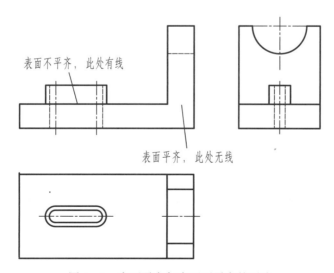

图 4-2 表面平齐与表面不平齐的画法

图 4 - 3 的组合体采用的是相切组合方式,底板与直立圆柱光滑相切,因此相切处不画线,相切处画法如图 4 - 3(b)所示。图 4 - 4 的组合体采用的是相交组合方式,需要把各个形体间的截交线和相贯线全部画出,画法如图 4 - 4(b)所示。

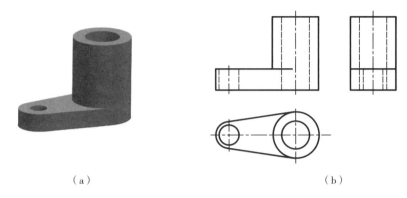

（a）　　　　　　　　　　　　　　　　（b）

图 4 - 3　相切组合方式的组合体

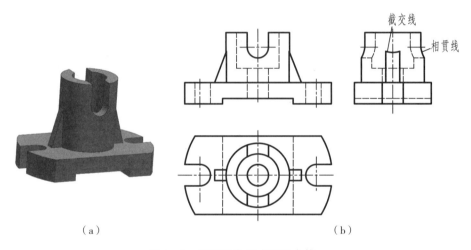

（a）　　　　　　　　　　　　　　　　（b）

图 4 - 4　相交组合方式的组合体

4.2　组合体的绘图方法

绘制组合体视图时,包括如下几步:

（1）为了完整、清晰、简练地表达工程上的各类物体,在画图前应对组合体进行形体分析,将组合体分解为若干个简单形体,并分析各个简单形体的形状、相对位置以及组合方式等要素。

（2）在选择视图时,尽可能多地使物体的表面平行或垂直于投影面,以便能反映物体表面的真实形状。选择能反映组合体主要特征的方向作为主视图方向。为了清楚地表达形体,所选择的视图数尽可能少。在确定组合体的表达方案时,除了需要选择合适的主视图、最少的视图数外,还需要使视图中的不可见轮廓线尽可能少。

（3）绘图前,需要根据物体的大小确定作图比例和图幅,比例和图幅应符合国家标准。

注意,所选图幅要留有足够的余地,以便标注尺寸和布置标题栏。

（4）布置图面要求匀称。视图与视图间的距离、视图与图框线间的距离均要适当,需要考虑标注尺寸、标题栏的图幅。

（5）依次绘制各个简单形体的视图,以免漏线。

[**例 4 - 1**]　根据如图 4 - 5(a)所示的轴承盖立体图,绘制其三视图。

分析:图 4 - 5(a)所示的轴承盖由四个几何形体组成,包括竖放耳板、半圆柱以及左右对称的两个耳板,参见图 4 - 5(b)。图中箭头所示方向可以清楚地表达竖放耳板和半圆柱的主要特征,表达四个形体的上、下、左、右的位置关系,因此选择箭头所示方向作为主视图方向,俯视图可以表达左右对称的两个耳板的主要特征,左视图可以表达四个形体的前后位置关系。根据物体的大小确定作图比例和图纸幅面。

（a）　　　　　　　　　　　　　　　　　　　　（b）

图 4 - 5　轴承盖立体图

解:1) 布置图面,绘制中心线和图形的对称线,以及长、宽、高三个方向作图的起始线,参见图 4 - 6(a)。

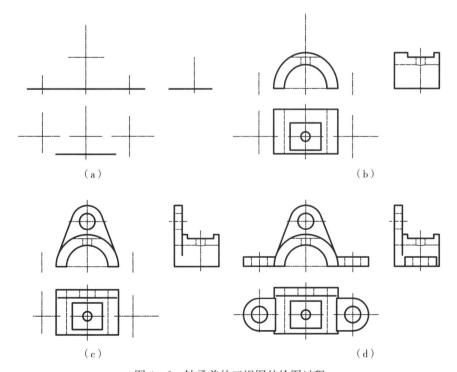

（a）　　　　　　　　　　　　　　　　　　　　（b）

（c）　　　　　　　　　　　　　　　　　　　　（d）

图 4 - 6　轴承盖的三视图的绘图过程

2）绘制半圆柱及内部孔槽的三视图，参见图 4 - 6(b)。

3）绘制竖放耳板的三视图，参见图 4 - 6(c)。

4）绘制左右对称的两个耳板的三视图，参见图 4 - 6(d)。

4.3　组合体视图的尺寸标注

组合体的视图能够表达组合体的形状，组合体的大小由图上标注的尺寸来确定。在标注尺寸时，需要满足以下几点：

（1）正确——尺寸数值正确，符合国家标准中有关尺寸标注的规定；

（2）完整——尺寸齐全，不能遗漏，也不能重复，每个尺寸在图中一般只标注一次；

（3）清晰——尺寸布置要整齐，同一部分的各个方向的尺寸标注一般要求相对集中，以便于看图；

（4）合理——要满足设计和制造工艺上的要求。

为了满足尺寸标注要"完整"的要求，图样上应分别依次标注以下三类尺寸：

（1）定形尺寸——确定形体各组成部分的长、宽、高三个方向的尺寸；

（2）定位尺寸——确定形体各组成部分相对位置的尺寸；

（3）总体尺寸——组合形体外形的总长、总宽、总高尺寸。

4.3.1　基本形体的尺寸标注

一些基本形体的尺寸标注如图 4 - 7 所示，标注时应在形体分析的基础上进行尺寸标注，尽量标注在形状特征明显的视图上。标注对称性尺寸时，应以对称中心线（或对称面）为尺寸基准，标注全长。对于同一圆周上不连续的圆弧，应标注直径。两个或多个直径相同的圆，一般只标注一次，在符号"∅"之前加注该圆的数量，如 2×∅12。

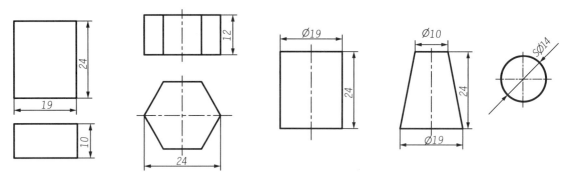

图 4 - 7　基本形体的尺寸标注

当形体被截切时，不仅要标注形体的定形尺寸，还应该标注截平面的定位尺寸，参见图 4 - 8。当两个形体相贯时，不仅要标注两个形体的定形尺寸，还应该标注两个相贯形体的定位尺寸，参见图 4 - 9。

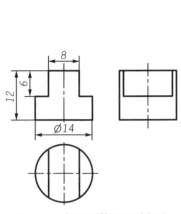

图 4 - 8　截切形体的尺寸标注

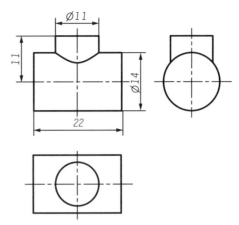

图 4 - 9　相贯形体的尺寸标注

4.3.2　组合体的尺寸标注

在对组合体进行尺寸标注时,主要包括以下几个步骤:

(1) 对组合体进行形体分析;

(2) 确定长、宽、高三个方向的尺寸基准,通常所用的基准包括形体的底平面、端面、对称平面和主要回转体的轴线;

(3) 根据各个简单形体,逐个注出简单形体的定形尺寸和定位尺寸;

(4) 标注总体尺寸;

(5) 整理和剔除重复及不合理的尺寸。

[例 4 - 2]　在图 4 - 6(d)所示的轴承盖的三视图上进行尺寸标注。

分析: 由图 4 - 5 可知,该轴承盖由竖放耳板、半圆柱以及左右对称的两个耳板组合而成。由于该轴承盖左右对称,因此以中间对称平面作为长度方向的基准,以轴承盖的前端面作为宽度方向的基准,以轴承盖的底面作为高度方向的基准。

解: 1) 标注半圆柱及内部圆柱孔的定形尺寸 $R24$、$R16$ 和 34,半圆柱上部的凹槽定形尺寸 20、定位尺寸 4 和 21,半圆柱上方小圆孔的定形尺寸 $\varnothing7$、定位尺寸 14,参见图 4 - 10(a)。

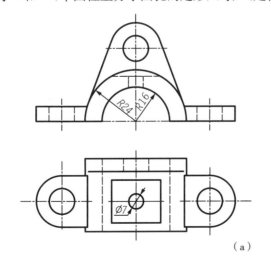
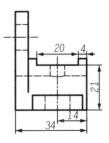

(a)

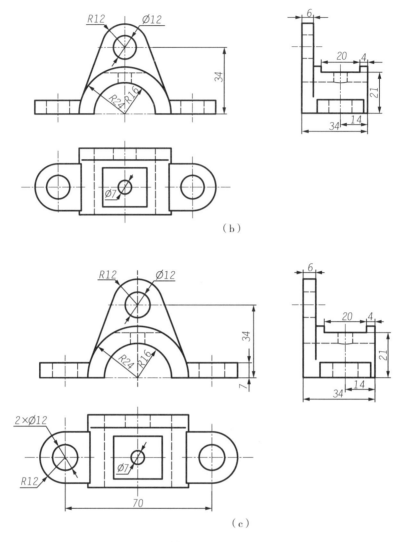

图 4-10　轴承盖的尺寸标注过程

2）标注竖放耳板的定形尺寸∅12、R12，厚度 6，以及定位尺寸 34，参见图 4-10（b）。

3）标注左右对称的两个耳板的尺寸，只标注一侧即可，标注其定形尺寸 R12，耳板厚度 7，两个孔的定形尺寸 2×∅12，以及定位尺寸 70，参见图 4-10（c）。

4）把各个简单形体的定形尺寸和定位尺寸标注完成后，标注总体尺寸。长度方向已经标注了耳板定形尺寸 R12 和定位尺寸 70，因此总长尺寸不必重复标注；总宽尺寸与圆柱定形尺寸 34 一致，因此不必重复标注；高度方向已经标注了耳板半径尺寸 R12 和定位尺寸 34，因此总高尺寸不必重复标注。

4.4　组合体读图

读图是运用正投影的规律，由平面视图想象出空间形体的形状。读图与绘图相比，难度更大。读图是工程制图课程的最主要的内容。

在读图时,需要应用视图的投影规律,即"长对正、宽相等、高平齐",也需要将各个视图投影关系联系起来一起读图,还需要熟悉一些简单几何形体的视图,熟悉视图中线条和线框的含义。

视图中的轮廓线(实线或虚线、直线或曲线)有三种含义:具有积聚性的平面或曲面、物体上两个表面的交线、曲面的轮廓素线。如图 4-11 所示,数字 1 所指的平面和曲面就是具有积聚性的平面和曲面,数字 2 所指的线是物体上两个表面的交线,数字 3 所指的线是曲面的轮廓素线。

视图中的封闭线框有四种含义:一个平面、一个曲面、平面与曲面相切的组合面、一个空腔。如图 4-12 所示,数字 1 所指的封闭线框表示一个平面,该平面为铅垂面;数字 2 所指的封闭线框表示一个曲面;数字 3 所指的封闭线框表示平面与曲面相切的组合面;数字 4 所指的封闭线框表示一个空腔。

视图上相邻的封闭线框可以表示相交的两个面,例如图 4-12 中的面 1 和面 3;也可以表示前后(或上下、左右)不同位置的两个面,例如图 4-12 中的面 2 和面 3。

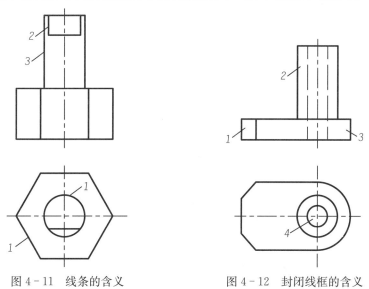

图 4-11　线条的含义　　　　　　　　　图 4-12　封闭线框的含义

在读图时,常用的读图方法包括形体分析法和线面分析法,下面将进一步详细介绍这两种读图方法。

4.4.1　形体分析法

形体分析法就是根据组合体的已知视图,将图形分解成若干组成部分,然后按照投影规律和各视图间的联系,分析出各组成部分所表达的空间形状及所在位置,最终想象出整体形状的方法。

用形体分析法读图的主要步骤如下:

(1) 从主视图出发,将图形分成几个部分或几个封闭线框;

(2) 找出各部分在已知视图上的投影;

(3) 想象各部分的形状;

（4）根据各部分的位置定方位，想象组合体的整体形状。

[**例 4 - 3**] 阅读图 4 - 13 所示组合体的视图。

分析：图 4 - 13 为一个组合体的基本三视图，用形体分析法对其进行分析。首先将主视图分成四个封闭线框Ⅰ、Ⅱ、Ⅲ、Ⅳ，其正面投影分别为图 4 - 14 中 1′、2′、3′、4′四个封闭线框。再根据"长对正、宽相等、高平齐"的投影规律找到这四个封闭线框对应的水平投影 1、2、3、4 和侧面投影 1″、2″、3″、4″。然后根据各个封闭线框的三面投影，想象出空间形状，形体Ⅰ和Ⅳ是左右对称的，因此只分析形体Ⅰ，如图 4 - 15（a）~（c）所示。最后根据四部分的空间位置，想象组合体的整体形状。

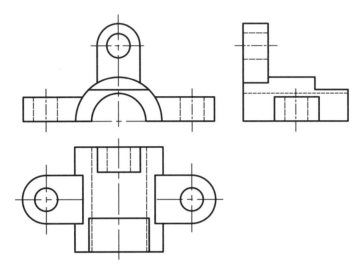

图 4 - 13　组合体三视图（一）

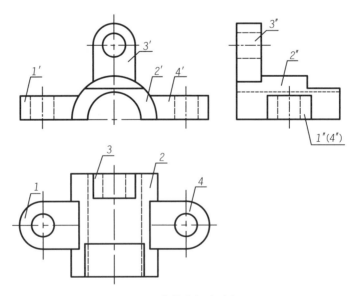

图 4 - 14　组合体分解成线框（一）

解：形体Ⅱ和Ⅲ在组合体中间，形体Ⅲ在后侧，形体Ⅰ在左方、下方，形体Ⅳ在右方、下方,根据四个形体的空间位置,想象出组合体的整体形状,如图 4-15(d) 所示。

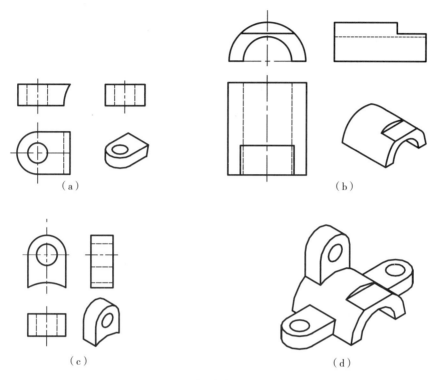

图 4-15　组合体的空间形状

[**例 4-4**]　阅读图 4-16 所示组合体的视图。

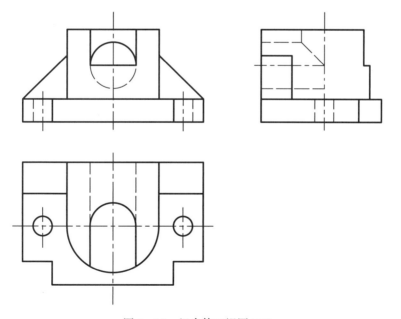

图 4-16　组合体三视图(二)

分析:图 4-16 为一个组合体,用形体分析法对其进行分析。首先将主视图分成四个封闭线框Ⅰ、Ⅱ、Ⅲ、Ⅳ,其正面投影分别为图 4-16 中 1′、2′、3′、4′四个封闭线框。再根据"长对正、宽相等、高平齐"的投影关系找到这四个封闭线框对应的水平投影 1、2、3、4 和侧面投影 1″、2″、3″、4″,如图 4-17 所示。然后根据各个封闭线框的三面投影,想象出空间形状,形体Ⅰ为底部长方体板,前面的左右两侧被切割,中间部分有左右两个圆柱孔。形体Ⅱ和Ⅲ是左右对称的,位于形体Ⅰ的上部,为三角肋板。形体Ⅳ为拱形柱,位于形体Ⅰ的上部,并且位于形体Ⅱ和Ⅲ的中间。形体Ⅳ上侧挖切有一个拱形槽,从后往前挖切有一个圆柱孔,由主视图和俯视图可以看出圆柱孔的深度。最后根据四部分的空间位置,想象组合体的整体形状。

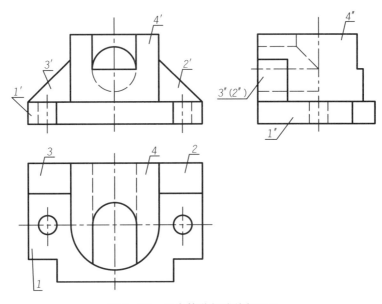

图 4-17　组合体分解成线框(二)

解:形体Ⅰ在底部,形体Ⅱ和Ⅲ在组合体两侧,形体Ⅳ在中间。根据四个形体的空间位置,想象出整体形状,如图 4-18 所示。

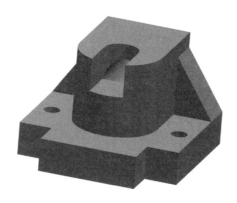

图 4-18　组合体的空间立体图

4.4.2　线面分析法

　　线面分析法是把组合体分解为若干面、线,并确定它们之间的相对位置,以及它们和投影面的相对位置的方法。当阅读的是形体被切割、形体不规则或投影关系相重合的视图时,尤其需要用这种方法。在用线面分析法读图时,需要用到前面章节介绍的直线和平面的投影特性。

　　[例 4 - 5]　用线面分析法阅读图 4 - 19(a)所示的视图。

　　分析:由三视图可知,该物体由立方体切割而成,在立方体前侧和左侧都进行了切割。用线面分析法读图,需要对线和面进行分析。

　　解:1) 分析俯视图的线框 P,根据投影关系找到其正面投影 P' 和侧面投影 P'',可知平面 P 是一个正垂面,参见图 4 - 19(b)。

　　2) 分析俯视图的线框 Q,根据投影关系找到其正面投影 Q' 和侧面投影 Q'',可知平面 Q 是一个侧垂面,参见图 4 - 19(c)。

　　3) 通过投影关系,可以看出后端面就是正平面,其形状与主视图线框一致。物体最上边是侧垂线,物体底面是水平面,形状为矩形,与俯视图的矩形线框形状一致。物体右端面为侧平面,其形状与左视图线框一致,参见图 4 - 19(d)。

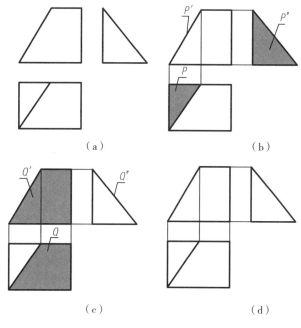

图 4 - 19　线面分析法读图

4.5　由两个视图补画第三视图

　　由两个视图补画第三视图,既能锻炼读图能力,又能锻炼绘图能力。

　　[例 4 - 6]　根据图 4 - 20(a)中的两个视图补画第三视图。

　　分析:从图 4 - 20(a)的两个视图可以看出,该组合体由左底板、右底板、底部圆柱、直立圆柱四个部分组成。左底板和右底板对称,底部圆柱挖切有圆柱通孔,直立圆柱竖直方向挖切有圆柱通孔,在圆柱上部挖有方槽。

解:1) 绘制底部圆柱及内部圆柱通孔的左视图,如图4-20(b)所示。

2) 绘制直立圆柱、内部圆柱通孔及方槽的左视图,注意不要漏画两个圆柱的相贯线和两个圆柱通孔的相贯线,以及方槽与直立圆柱和内部圆柱通孔的截交线,如图4-20(c)所示。

3) 绘制左右底板的左视图,如图4-20(d)所示。

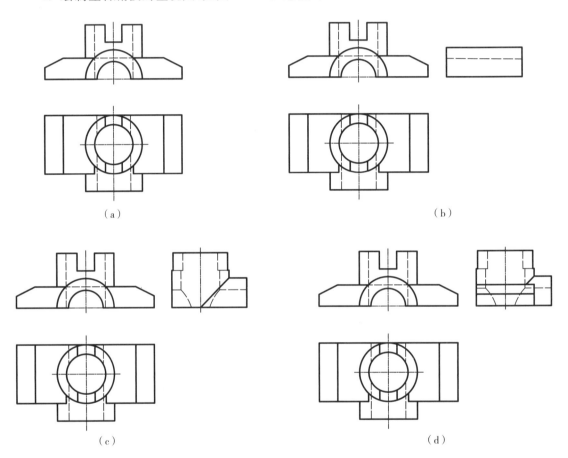

图4-20　补画第三视图(一)

[**例4-7**]　根据图4-21(a)中的两个视图补画第三视图。

分析:从图4-21(a)的两个视图可以看出,该组合体由左侧底板和直立圆柱两个部分组成。左侧底板的主要形状体现在俯视图上,其左侧挖槽,被一个正垂面切割。直立圆柱与底板相切,直立圆柱前面挖切有拱形槽,后面挖切有圆柱孔,竖直方向圆柱孔从上到下贯通。

解:1) 绘制左侧底板的左视图,如图4-21(b)所示。

2)绘制直立圆柱及内部孔槽的左视图,注意不要漏画圆柱与圆柱孔的相贯线,以及拱形槽与直立圆柱及内部圆柱孔的截交线,如图4-21(c)所示。

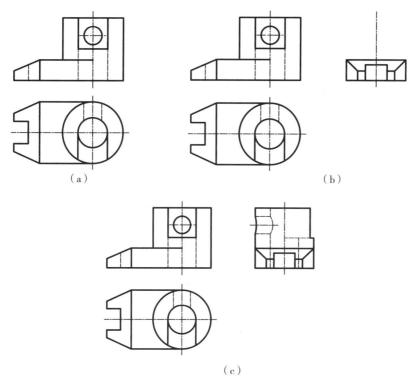

（a）　　　　　　　　　　　（b）

（c）

图 4-21　补画第三视图（二）

思 考 题

4-1　尺寸三要素是指什么？

4-2　进行尺寸标注时，除了定形尺寸外，还需要标注哪几类尺寸？

4-3　截交线上能标注尺寸吗？相贯线上能标注尺寸吗？

4-4　形体分析法和线面分析法在读图时有什么不同？

4-5　根据题 4-5 图所示立体图，绘制基本三视图，并标注尺寸。

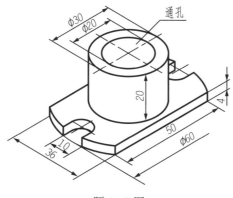

题 4-5 图

4-6　根据题 4-6 图给出的视图,选出正确的左视图(　　　)。

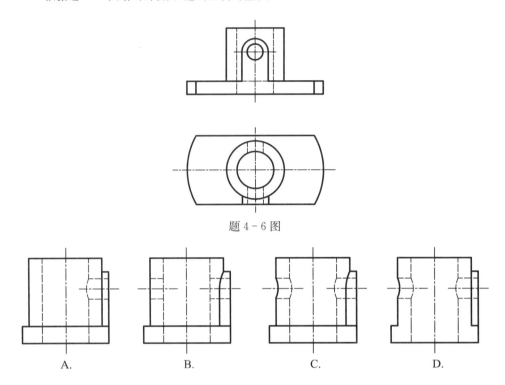

题 4-6 图

4-7　根据题 4-7 图给出的视图,选出正确的左视图(　　　)。

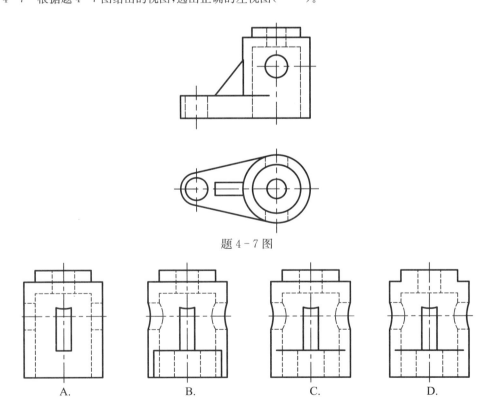

题 4-7 图

第5章 轴测图

用正投影法表达物体、量取尺寸和绘图都比较方便,因此它是工程上应用最广泛的图样表达方法。但是该方法仍存在一些缺点:一个视图通常不能同时反映出物体的长、宽、高三个方向的尺度与形状,需要用多个视图一起表达物体;视图缺乏立体感,需要具有一定读图能力的人结合几个视图、运用正投影原理进行阅读,才能想象出物体的形状。

而轴测图能同时反映出物体长、宽、高三个方向的尺度,尽管图上物体的一些表面形状有所改变,但富有立体感,因此常作为读图的辅助性图样。本章主要介绍轴测图的形成及投影特性、正等轴测图、斜二等轴测图。

5.1 轴测图的形成及投影特性

将物体连同其参考直角坐标系,沿不平行于任一坐标平面的方向,用平行投影法将其投射在某一投影面上所得到的图形,称为轴测投影图,简称轴测图,如图 5-1 所示。这个投影面称为轴测投影面,坐标轴在轴测投影面的轴测投影称为轴测轴,相邻两个轴测轴之间的夹角称为轴间角。

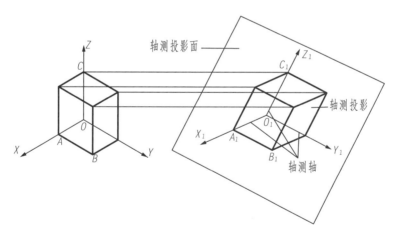

图 5-1 轴测投影图的形成

轴测轴上的单位长度与相应投影轴上的单位长度的比值称为轴向变形系数。轴测图的 X 轴向变形系数、Y 轴向变形系数、Z 轴向变形系数分别用 p、q、r 表示,其中 $p=O_1A_1/OA$,$q=O_1B_1/OB$,$r=O_1C_1/OC$。轴间角分别为 $\angle X_1O_1Y_1$、$\angle X_1O_1Z_1$、$\angle Y_1O_1Z_1$。轴向变形系数和轴间角的大小与物体的空间位置、投射方向和轴测投影面的位置有关。

轴测图的投影特性有如下几点:

(1) 物体上相互平行的线段,在轴测投影图上仍相互平行;

（2）平行线段的轴测投影，其轴向变形系数相同；

（3）物体上平行于轴测投影面的直线和平面在轴测投影面上分别反映实长和实形。

轴测图按投射方向分为正轴测投影图和斜轴测投影图，正轴测投影图的投射方向与轴测投影面垂直，斜轴测投影图的投射方向与轴测投影面不垂直。其中，正等轴测图和斜二等轴测图是两种常用的轴测图，下面将介绍这两种轴测图。

5.2　正等轴测图

正等轴测图的轴向变形系数 $p=q=r=0.82$，轴间角 $\angle X_1O_1Y_1=\angle X_1O_1Z_1=\angle Y_1O_1Z_1=120°$。为了简化作图，可以采用简化的轴向变形系数 $p=q=r=1$。采用简化轴向变形系数作图时，沿轴向的所有尺寸都用真实长度量取，简洁方便，而所画图形则放大至约 $1.22(1/0.82)$ 倍。轴测图一般只画出可见部分，必要时才画出不可见部分。

5.2.1　平面立体的正等轴测图

［例 5-1］　根据图 5-2(a)的两个视图画出该正六棱柱的正等轴测图。

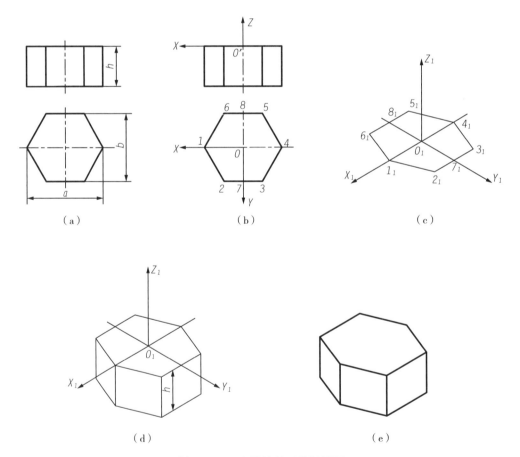

（a）　　　　　　　　（b）　　　　　　　　（c）

（d）　　　　　　　　（e）

图 5-2　正六棱柱的正等轴测图

解:1) 在已知视图上选定坐标原点和坐标轴。选择正六棱柱上表面正六边形的中心点作为坐标原点 O,水平向左为 X 轴正向,向前为 Y 轴正向,竖直向上为 Z 轴正向,特殊位置点的标注如图 5-2(b)所示。

2) 绘制轴测轴,竖直向上为 Z_1 轴,量取 $120°$ 分别绘制 X_1 轴和 Y_1 轴。

3) 在 X_1 轴量取 $0.5a$ 以确定 1_1 和 4_1 两个点,在 Y_1 轴量取 $0.5b$ 以确定 7_1 和 8_1 两个点,过点 7_1 作平行于 X_1 轴的直线,根据俯视图中的尺寸确定 2_1 和 3_1 两个点,过点 8_1 作平行于 X_1 轴的直线,根据俯视图中的尺寸确定 5_1 和 6_1 两个点。依次连接点 1_1、2_1、3_1、4_1、5_1、6_1、1_1,得到正六边形的正等轴测图。如图 5-2(c)所示。

4) 过六个顶点分别作 Z_1 轴的平行线并量取高 h,不可见部分省略不画,如图 5-2(d)所示。

5) 校核,擦去多余线条,加深可见线,完成正六棱柱的正等轴测图,如图 5-2(e)所示。

5.2.2　曲面立体的正等轴测图

曲面立体中常常有圆和圆弧,其中圆的正等轴测图为椭圆。水平圆的正等轴测图的绘制过程参见图 5-3,已知视图如图 5-3(a)所示。在如图 5-3(b)所示的视图上选定圆心 O 作为坐标原点,水平向左为 X 轴,向前为 Y 轴,竖直向上为 Z 轴,作三条轴测轴,竖直向上为 Z_1 轴,量取 $120°$ 分别绘制 X_1 轴和 Y_1 轴。找到 A、B、C、D 四个点在轴测轴上的轴测投影 A_1、B_1、C_1、D_1,分别过 B_1 和 D_1 作平行于 X_1 轴的直线,分别过 A_1 和 C_1 作平行于 Y_1 轴的直线,得到一个菱形,这个菱形是圆外接正方形的正等轴测图,如图 5-3(c)所示。将短对角线的端点用 1 和 2 表示。连接 1、A_1 两点和 1、D_1 两点,分别与长对角线相交于 3、4 两点,点 1、2、3、4 就是近似圆弧的四个圆心。以点 1 为圆心、点 1 与 A_1 的距离为半径画圆弧,以点 2 为圆心、点 2 与 B_1 的距离为半径画圆弧,以点 3 为圆心、点 3 与 A_1 的距离为半径画圆弧,以点 4 为圆心、点 4 与 C_1 的距离为半径画圆弧,得到近似椭圆,如图 5-3(d)所示,水平圆的正等轴测图绘制完成。正平圆和侧平圆的正等轴测图画法类似。

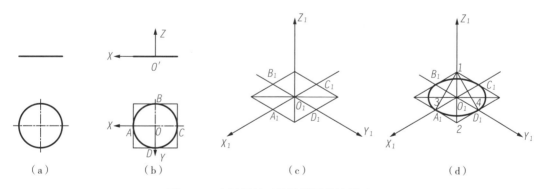

图 5-3　水平圆的正等轴测图的绘制过程

[例 5-2]　根据图 5-4(a)的两个视图画出圆柱的正等轴测图。

解:1) 在已知视图上选定圆柱上表面的圆心作为坐标原点 O,水平向左为 X 轴,向前为 Y 轴,竖直向上为 Z 轴,如图 5-4(b)所示。

2) 画轴测轴,竖直向上为 Z_1 轴,量取 $120°$ 分别绘制 X_1 轴和 Y_1 轴。

3) 在 X_1 轴量取半径 r 以确定 A_1 和 C_1 两个点,在 Y_1 轴量取半径 r 以确定 B_1 和 D_1

两个点,过点 B_1 和 D_1 分别作平行于 X_1 轴的直线,过点 A_1 和 C_1 分别作平行于 Y_1 轴的直线,得到一个菱形,这个菱形是圆柱顶面水平圆的外接正方形的正等轴测图,如图 5-4(c)所示。连接菱形的对角线,标出短对角线的端点 1 和 2。

4）连接 1、A_1 两点和 1、D_1 两点,分别与长对角线交于 3、4 两点,点 1、2、3、4 就是近似圆弧的四个圆心。

5）以点 1 为圆心、点 1 与 A_1 的距离为半径画圆弧,以点 2 为圆心、点 2 与 B_1 的距离为半径画圆弧,以点 3 为圆心、点 3 与 A_1 的距离为半径画圆弧,以点 4 为圆心、点 4 与 C_1 的距离为半径画圆弧,得到近似椭圆。

6）沿 Z_1 轴将近似圆弧的四个圆心向下移动圆柱高度 h,得到四个点,分别以这四个点为圆心,在圆柱下表面位置继续绘制椭圆,不可见部分省略不画。作上、下两椭圆的切线。如图 5-4(d)所示。

7）校核,擦去多余线条,加深可见线,完成圆柱的正等轴测图,如图 5-4(e)所示。

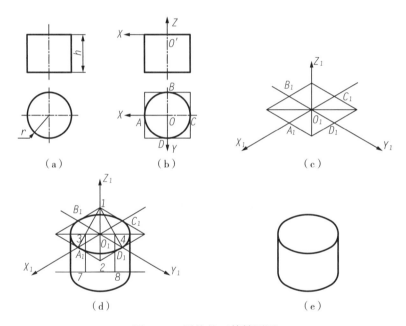

图 5-4　圆柱的正等轴测图

[例 5-3]　根据图 5-5(a)的圆角平板的两个视图画出其正等轴测图。

分析:圆角平板是前面有两处圆角的平板,这两处圆角可看作圆柱的 1/4。

解:1）根据已知视图上圆角平板的尺寸,画出其上表面的正等轴测图,如图 5-5(b)所示。沿圆角两边分别量取半径 R,得到切点 A_1、B_1、C_1、D_1。过点 A_1 和 B_1 分别作其所在边的垂线,垂线的交点为 O_1,以点 O_1 为圆心、O_1A_1 为半径画圆弧,与对应边相切。过点 C_1 和 D_1 分别作其所在边的垂线,垂线的交点为 O_2,以点 O_2 为圆心、O_2C_1 为半径画圆弧,与对应边相切。

2）将圆心 O_1 和 O_2 沿 Z 轴平行下移高度 h,得到平板下表面圆角处的圆心 O_3 和 O_4,以这两点为圆心,分别以 O_1A_1 和 O_2C_1 作为半径,画圆弧。画出底板对应边和上下圆弧的切线。如图 5-5(c)所示。

3) 校核,擦去多余线条,加深可见线,完成圆角平板的正等轴测图,如图 5-5(d)所示。

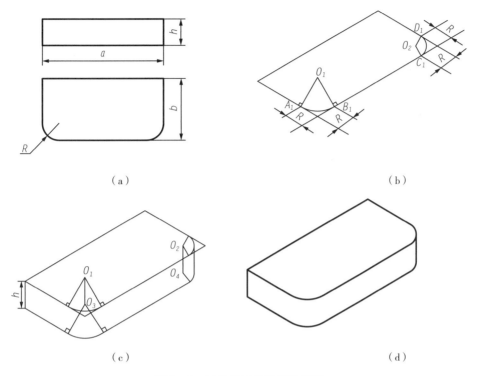

图 5-5　圆角平板的正等轴测图

5.3　斜二等轴测图

将 Z_1 轴放置成铅垂位置,且 XOZ 坐标面平行于轴测投影面,当投射方向与三个坐标面倾斜时就形成了斜二等轴测图。斜二等轴测图的轴向变形系数 $p=r=1, q=0.5$,轴间角 $\angle X_1 O_1 Z_1 = 90°, \angle X_1 O_1 Y_1 = \angle Y_1 O_1 Z_1 = 135°$。

[**例 5-4**]　根据图 5-6(a)所示图形的两个视图画出其斜二等轴测图。

解:1) 在已知视图上取前表面圆心作为坐标原点,水平向左为 X 轴,向前为 Y 轴,竖直向上为 Z 轴,如图 5-6(b)所示。

2) 绘制轴测轴,竖直向上为 Z_1 轴,水平向左为 X_1 轴,量取 135°绘制 Y_1 轴。

3) 画出前表面形状,如图 5-6(c)所示。

4) 从前表面圆心 O_1 沿 Y_1 轴负方向量取宽度的一半,得到后表面圆心 O_2,绘制后表面形状,连接前后表面圆的公切线和前后表面间的连线。不可见部分省略不画。如图 5-6(d)所示。

5) 校核,擦去多余线条,加深可见线,完成斜二等轴测图,如图 5-6(e)所示。

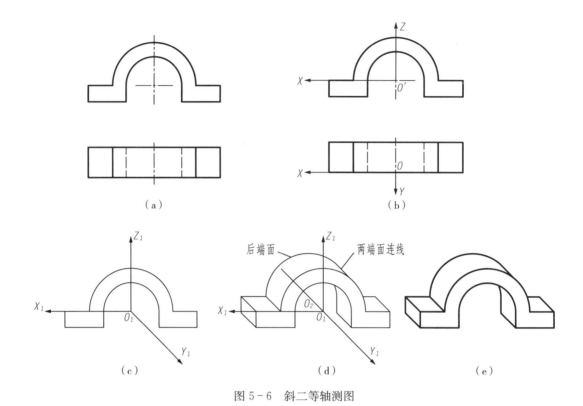

<table>
</table>

图 5-6　斜二等轴测图

思 考 题

5-1　绘制题 5-1 图所示形体的正等轴测图。

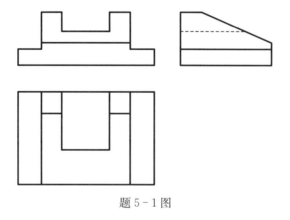

题 5-1图

5-2　绘制题5-2图所示形体的斜二等轴测图。

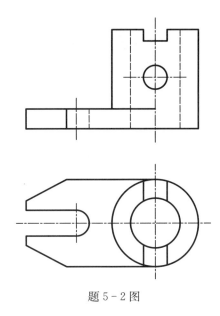

题 5-2 图

5-3　绘制题5-3图所示形体的正等轴测图和斜二等轴测图,并对它们进行比较。

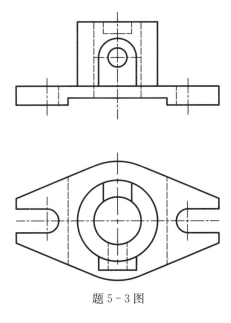

题 5-3 图

第 6 章 图样的常用表达方法

由于工程实际中的零件形状较为复杂,仅采用前面介绍的基本视图,常常不能清晰地表达零件的内形和外形,因此国家标准规定了视图、剖视图、断面图、局部放大图、简化画法等多种图样表达方法。熟练掌握这些表达方法,有助于正确表达以及阅读零件的内部形状和外部形状。本章主要介绍视图、剖视图、断面图、局部放大图、简化画法及图样的表达方法应用。

6.1 视 图

在工程实际中,零件常常是由多个基本形体组成的组合体。视图主要用于表达零件的外形和各部分结构的相对位置,一般画出零件的可见部分,必要时才画出其不可见部分。国家标准规定,视图有基本视图、向视图、局部视图和斜视图四种。基本视图和向视图都已经在第 2 章进行介绍,本节只介绍局部视图和斜视图。

6.1.1 局部视图

将物体的某一部分向基本投影面投射所得的视图称为局部视图,通常用来表达零件局部的外形。如图 6 - 1(a)所示物体可以用主视图和俯视图将主要形状特征清楚地表达出来,但是圆柱左右两侧两个结构的形状没有表达出来,这就可以用如图 6 - 1(b)所示的局部视图来表达这些局部结构。

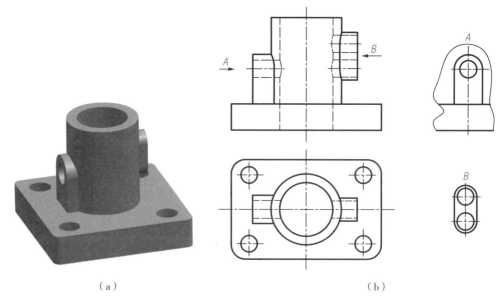

（a）　　　　　　　　　　　　（b）

图 6 - 1　局部视图

绘制局部视图时,应该注意以下几点:

(1) 一般应在局部视图的上方标注"×"("×"为大写的拉丁字母,如 A、B 等),在相应的视图附近用箭头指明投射方向,并注上同样的字母。当局部视图按基本视图的配置形式来配置,中间又没有其他图形隔开时,不必标注。

(2) 局部视图是从完整的图形中分离出来的,这就必须与相邻的其他部分假想地断裂开,其断裂边界一般应以波浪线或双折线表示。当所表示的局部结构是完整的,且外轮廓线又封闭时,断裂边界线可省略不画。

(3) 局部视图最好配置在箭头所指的方向,并画在有关视图附近,以便保持投影对应关系,也便于读图。必要时,也允许配置在其他适当位置。

6.1.2　斜视图

斜视图是物体向不平行于基本投影面的平面投射所得的视图,用于表达零件倾斜结构的外形。绘制斜视图时,通常只画出倾斜部分的局部外形,并按向视图的配置形式进行配置和标注。如图 6-2(a)所示物体具有倾斜结构,主视图可通过斜视图表达这部分结构的形状,而俯视图通过局部视图表达形状。

绘制斜视图时,应该注意以下几点:

(1) 必须在斜视图上方标注"×"("×"为大写的拉丁字母,如 A、B 等),在相应的视图附近用箭头指明方向,并注上同样的字母。

(2) 斜视图一般按投影关系配置,必要时也可以配置在其他适当位置。在不致引起误解时,也允许将图形旋转,旋转方向和旋转角度的确定应便于读图。旋转符号的箭头指向应与旋转方向一致。表示斜视图名称的大写拉丁字母应靠近旋转符号的箭头端,需要给出旋转角度时,角度应标写在字母之后。参见图 6-2(b)。

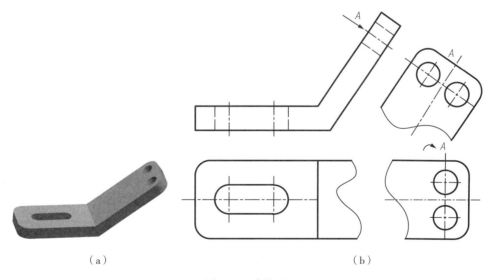

（a）　　　　　　　　　　　　　　　　　　（b）

图 6-2　斜视图

(3) 斜视图主要用于表达零件倾斜部分的结构,零件的其余部分不必在斜视图上画出,用波浪线或双折线断开。

6.2 剖视图

用视图表达零件时,零件的内部结构和被遮盖的外部投影用虚线表示。当形状复杂时,视图上的虚线就会有很多。这些虚线和其他线条交错重叠,影响视图的清晰表达,不利于读图和标注尺寸。为了完整、清晰地表达零件的内部和外部结构形状,可采用恰当的剖视方法。

6.2.1 剖视图的概念

假想用一个剖切平面剖开零件,将处于观察者和剖切平面间的部分移去,而将剩余部分向投影面投射并画上剖面符号,这样所得的图形称为剖视图。如图6-3所示,在物体前后位置的对称面进行剖切,将处于观察者和剖切平面间的前半部分移去,使得物体内部的圆柱孔显示出来,将物体后半部分向V面投影并画上剖面符号,得到剖视图。原本不可见的内部结构在剖视图中可见,从图中可以看出剖视图适合表达零件内部结构(如孔、槽等)。

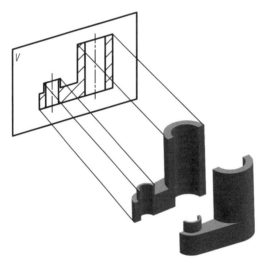

图6-3　剖切零件

通过图6-3中例子,归纳绘制剖视图的主要步骤如下:

(1)确定恰当的剖切面位置;

(2)将观察者和剖切平面间的部分移走后,绘制剩余部分的剖视图,原本不可见的内部结构变为可见;

(3)画剖面符号。

在绘制剖视图时,一般要进行标注,以指明剖切位置,并指示视图间的投影关系。剖视图的标注包括剖切线、剖切符号和字母三个要素:

(1)剖切线——指示剖切面位置的线,用细点画线表示,通常可以省略不画。

(2)剖切符号——指示剖切面起始、转折和终止位置(用粗短画线表示),以及投射方向(用箭头表示)的符号。

（3）字母——注写在剖视图上方，用以表示剖视图名称的大写拉丁字母。为便于读图时查找，应在剖切符号附近注写相同的字母。

关于剖视图的标注方法，国家标准规定如下：

（1）一般在剖视图的上方标出剖视图的名称"×—×"（"×"为大写拉丁字母，如 A、B 等），在相应的视图上用剖切符号表示剖切位置和投射方向，并标注相同的字母，参见图 6 - 4(a)。

（2）当剖视图按投影关系配置，中间又无其他视图隔开时，可省略表示投射方向的箭头，参见图 6 - 4(b)。

（3）当单一剖切平面通过零件的对称面或基本对称平面，且剖视图按投影关系配置，中间又无其他视图隔开时，不必标注，参见图 6 - 4(c)。

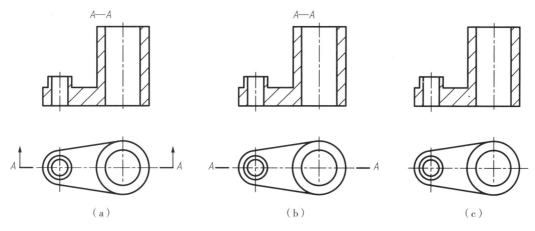

图 6 - 4　剖视图

绘制剖视图时，应注意以下几点：

（1）为区分剖切到的实体部分和未剖切到的形状，规定在剖切到的实体部分上画剖面符号。常见材料的剖面符号参见表 6 - 1。其中，金属材料的剖面符号通常用与外轮廓成适宜角度、间隔相等的平行细实线画出，该类细实线也称剖面线。金属零件图中，剖面线一般画成与主要轮廓线或对称线成 45°的平行线。必要时，也可画成与主要轮廓成适当角度的平行线。同一零件的各剖视图中，剖面线间隔和方向应一致。

表 6 - 1　常见材料的剖面符号

材料名称	剖面符号	材料名称	剖面符号	材料名称	剖面符号
金属材料(已有规定剖面符号者除外)		非金属材料(已有规定剖面符号者除外)		砖	
线圈绕组元件		型砂、粉末冶金、砂轮等		液体	

（2）根据表达的需要，可在表达同一零件的几个视图上采用剖视图。

（3）因为剖切是假想的，所以一个视图画成剖视图后，其他视图仍应按完整的零件画出。

（4）画剖视图时，不可将已假想被移去的部分画出。被投射部分的可见轮廓线必须用粗实线全部画出，而不可见的轮廓线一般不画。

6.2.2　剖视图的种类

剖视图分为全剖视图、半剖视图和局部剖视图三种。

1. 全剖视图

剖切平面完全地剖开零件后所得的剖视图称为全剖视图。全剖视图常应用于外形简单、内形复杂的零件。图 6-5(a)为一个前后对称的零件，其内部包含圆柱孔和槽。将该零件在前后对称平面处剖切后，其内部结构能够清楚地显示出来，参见图 6-5(b)。对其主视图采用全剖视图绘制，参见图 6-5(c)，被投射部分的可见轮廓线用粗实线全部画出，剖切到的实体部分画上剖面符号，由于剖切平面通过零件的前后对称平面，而且剖视图按投影关系配置，中间又无其他视图隔开，因此不必标注剖切线、剖切符号和字母。

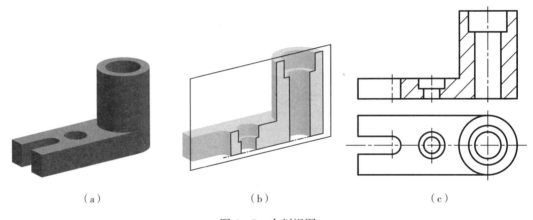

（a）　　　　　　　　　　（b）　　　　　　　　　　（c）

图 6-5　全剖视图

2. 半剖视图

当零件具有对称平面时，在垂直于对称平面的投影面上投射所得的图形，可以用以对称中心线为界，一半画视图，另一半画剖视图的方式表达，这样作出的剖视图称为半剖视图。图 6-6(a)为一个左右对称的零件，主视图采用半剖视图，剖切位置参见图 6-6(b)，被投射部分的可见轮廓线用粗实线全部画出，剖切到的实体部分应画上剖面符号。由于剖切平面通过零件的对称平面，而且剖视图按投影关系配置，中间又无其他视图隔开，因此不必标注剖切符号和字母。俯视图采用半剖视图，剖切位置参见图 6-6(c)，由于剖切面不是对称平面，因此需要注明剖切符号和字母，在俯视图上方需要注明对应字母，参见图 6-6(d)。

绘制半剖视图时，需要注意以下几点：

（1）半剖视图的标注方法与全剖视图的标注方法相同；

（2）由于图形对称，零件内形已在剖视图的一半中表示，因此在另一半外形视图上表示相应内形结构的虚线通常省略不画；

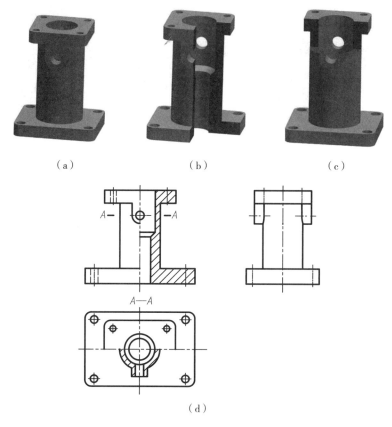

图 6 - 6　一个左右对称零件的立体图及半剖视图

（3）视图和剖视图的分界线必须是对称中心线（点画线）；

（4）当零件接近对称，而不对称部分已在其他视图上表达清楚时，也可采用半剖视图；

（5）外形简单的对称零件，不采用半剖视图，而应采用全剖视图。

3. 局部剖视图

用剖切平面局部地剖开零件所得的视图，称为局部剖视图。图 6 - 7(a)为一个具有圆柱孔的简单零件，图 6 - 7(b)为对其进行局部剖视的立体图，图 6 - 7(c)为在"A—A"剖切位置剖开后的局部剖视图。对于剖切位置明显的局部剖视图，一般不必标注，因此图 6 - 7(d)中去掉了剖切符号和字母。

图 6 - 6(d)的主视图中顶板圆孔处和底板圆孔处均可以采用局部剖视图，从而表达这两处孔的深度，参见图 6 - 8。

绘制局部剖视图时，需要注意以下几点：

（1）局部剖视图标注方法与全剖视图一致，但对于剖切位置明显的局部剖视图，一般不必标注；

（2）局部剖视图与视图之间用波浪线作为分界线，可看作零件断裂面的投影；

（3）波浪线只能画在零件的实体部分，不能画在孔、槽等非实体部分，不能超出视图的轮廓线，不能画在其延长线上，也不应与图形上的其他轮廓线重合；

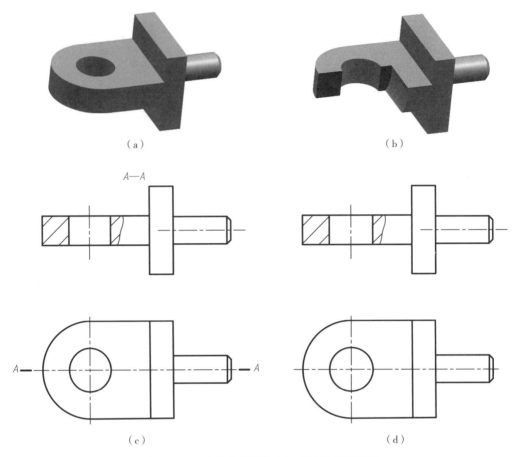

图 6 - 7　一个简单零件的立体图及局部剖视图

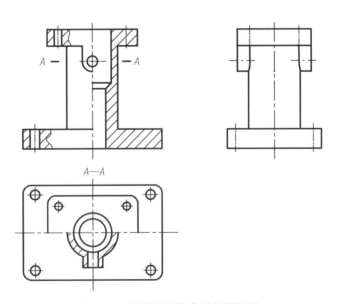

图 6 - 8　半剖视图结合局部剖视图

（4）当零件的轮廓线与对称中心线重合而不宜画半剖视图时,应画成局部剖视图;

（5）在一个视图上局部剖视图的数量不宜过多,以免图形支离破碎,割断零件的内部联系,不利于读图。

6.2.3　剖切面的种类

剖切面的种类是根据剖切面相对于投影面的位置及剖切面组合的数量进行分类的。剖切面分为三类:单一剖切面、几个平行的剖切面和几个相交的剖切面。

1. 单一剖切面

单一剖切面又可分为以下两种:

（1）用平行于基本投影面的平面剖切零件。前面介绍的全剖视图、半剖视图和局部剖视图都是用平行于基本投影面的平面剖切零件得到的剖视图。

（2）用不平行于基本投影面的平面剖切零件。如此得到的剖视图,表达方法与前面介绍的斜视图类似,按向视图的配置形式配置和标注,参见图 6-9,*A*—*A* 剖视图就是用不平行于基本投影面的平面剖切零件得到的剖视图。

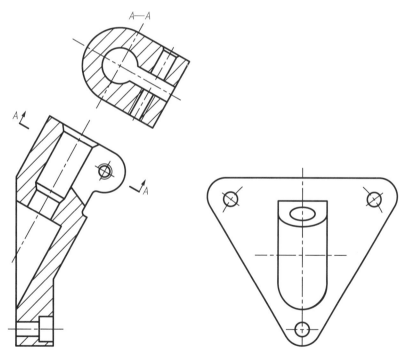

图 6-9　用不平行于基本投影面的平面剖切零件的剖视图

2. 几个平行的剖切面

用几个平行的剖切面剖开零件,可以清楚地表达分布在平行平面的内部结构。如图 6-10(a)所示,孔和槽位于不同的平行剖切面上,因此需要用两个平行的剖切面剖开零件,剖开后的立体图参见图 6-10 (b),其剖视图参见图 6-10 (c)。

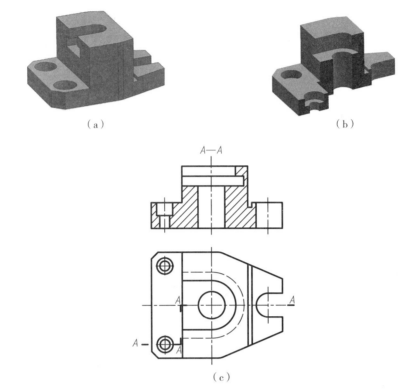

（a）   （b）

（c）

图 6 - 10   几个平行的平面剖切

绘制剖视图时,需要注意以下几点:

(1) 在剖切平面的起始、转折和终止处,必须画出剖切符号,注上同一大写字母,并在剖视图的上方用相同的字母标出名称。箭头的省略方法与全剖视图一致。

(2) 剖视图中不能画出剖切位置的转折线,参见图 6 - 11(a)。

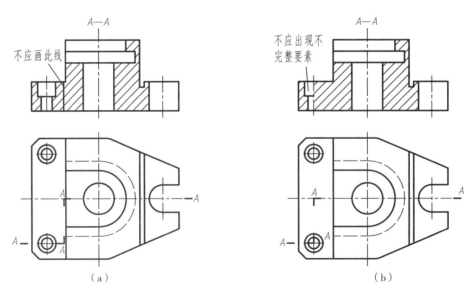

（a）   （b）

图 6 - 11   错误示例

（3）剖视图中不能出现不完整的要素，参见图 6-11（b）。

（4）剖切符号的转折处，不应与视图中的实线或虚线重合，且剖切平面转折处的剖切符号应对齐。

（5）只有当两个要素在图形上具有公共对称中心线时，才可以以对称中心线或轴线为界各画一半，参见图 6-12。

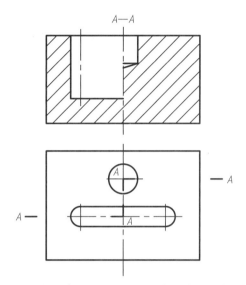

图 6-12　两个要素在图形上具有公共对称中心线的剖视图

3. 几个相交的剖切面

对于某些零件，为了清楚地表达其内形和外形，需要用两个或两个以上相交的剖切平面（交线垂直于某一基本投影面）剖开零件。

（1）两个相交的剖切面。用两个相交的平面剖切零件后，将倾斜部分经过旋转后绘制剖视图，以便将结构表达清楚。如图 6-13 所示的零件具有倾斜结构，用单一剖切平面不能清楚地表达结构，需要通过两个相交的剖切平面剖切零件，这样方能清楚地表达两个相交的平面剖切到的部分。在剖切平面起始、转折和终止处，必须画出剖切符号，注上同一大写字母，并在剖视图的上方用相同的字母标出名称。箭头的省略方法与全剖视图一致。剖切平面后面的其他结构一般仍按原来的位置画出。

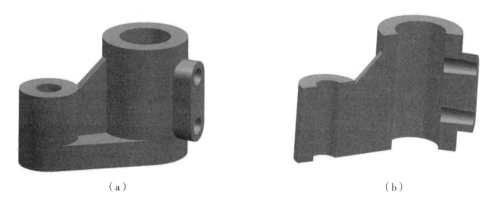

　　　　　　（a）　　　　　　　　　　　　　　　　　　　　　（b）

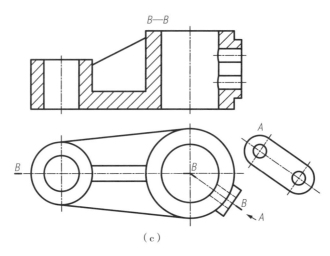

图 6 - 13　两个相交的平面剖切

（2）两个以上相交的剖切面。对于复杂的零件，当采用前面介绍的方法不能清楚地表达零件形状时，可以用两个以上相交的剖切面剖切零件。图 6 - 14 为单一剖切面与相交剖切平面相结合进行剖切的例子。在剖切平面起始、转折和终止处，必须画出剖切符号，注上同一大写字母，并在剖视图的上方用相同的字母标出名称。箭头的省略方法与全剖视图一致。

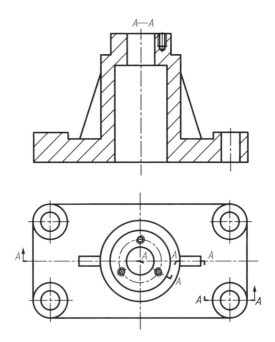

图 6 - 14　两个以上相交的平面剖切

6.3　断面图

假想用一个剖切平面将零件的某处剖开,仅画出断面的图形,并注上剖面符号,这样的图形称为断面图。断面分为移出断面和重合断面。

画在视图轮廓外的断面称为移出断面。绘制移出断面时,需要注意以下几点:

(1)移出断面的轮廓线用粗实线绘制,参见图 6-15。

(2)移出断面的标注方法与剖视图相同,当断面图配置在剖切符号或剖切平面迹线的延长线上时,可省略字母和断面图名称,参见图 6-16。

(3)当断面对称且断面图配置在剖切符号或剖切平面迹线的延长线上时,可省略剖切符号和字母,参见图 6-16。

(4)当剖切平面通过回转面(如圆柱面、圆锥面等)形成的孔或凹坑的轴线时,这些结构应按剖视图画,轮廓线不断开,参见图 6-16 中圆柱孔处的移出断面。

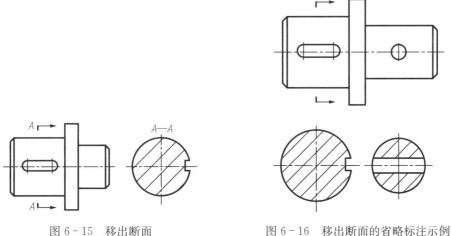

图 6-15　移出断面　　　　　　　　　图 6-16　移出断面的省略标注示例

(5)当剖切平面通过非圆孔,导致出现完全分离的两个图形时,该部分结构按剖视图绘制,参见图 6-17。

(6)剖切平面应与被剖部位的主要轮廓线垂直,使断面图能反映断面的真实形状。由两个以上相交的剖切平面得到的移出断面,中间应断开,参见图 6-18。

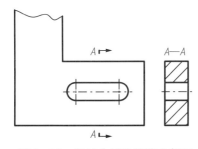

图 6-17　通过非圆孔的移出断面

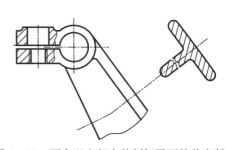

图 6-18　两个以上相交的剖切平面的移出断面

画在视图轮廓内的断面称为重合断面。绘制重合断面时,需要注意以下几点:

(1)重合断面的轮廓线用细实线绘制。重合断面与视图中的轮廓线重叠时,轮廓线仍应连续地画出。

(2)重合断面画在视图内部,因此标注时省略字母。对称的重合断面不必标注剖切符号,参见图 6-19。当不致引起误解时,不对称的重合断面可以省略标注剖切符号,参见图 6-20。

(3)剖切平面应与被剖切部位的主要轮廓线相垂直,参见图 6-20。

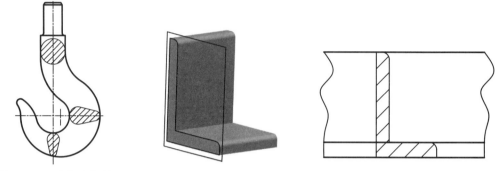

图 6-19　对称重合断面　　　　　　　　　　图 6-20 不对称重合断面

6.4　局部放大图

用大于原作图比例,单独画出表达零件上局部结构的图形称为局部放大图。图 6-21 采用 2:1 的放大比例绘制了局部放大图。绘制局部放大图时,需要注意以下几点:

(1)被放大部位一般用细实线圈出。当放大部位有多处时,需用罗马数字依次标明被放大部位,并在局部放大图的上方标出相应的罗马数字和作图比例;当放大部位只有一处时,只需表明所采用的比例。

(2)局部放大图可画成视图、剖视图、断面图,与放大部位的表达无关。

(3)局部放大图应尽量配置在被放大部位的附近。

(4)当同一零件的不同部位的局部放大图相同时,只需绘制一个放大图。

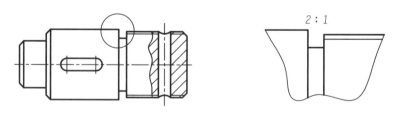

图 6-21　局部放大图

6.5　简化画法

为了画图和读图的方便,国家标准规定了简化画法。简化画法可以缩短绘图时间,提高

设计效率,因此应用广泛。可以采用简化画法的情形有以下几种:

(1) 对于零件上的肋板、轮辐及薄壁等结构,按纵向剖切时,这些结构在剖视图中都不画剖面线,而用粗实线将其与邻接部分分开,参见图 6-14 中的肋板部分。不按纵向剖切时,仍应画出剖面线。

(2) 当零件回转体上均匀分布的肋板、轮辐、孔等结构不处于剖切平面上时,可假想将这些结构旋转到剖切平面的位置上画出,将不对称的结构画成对称的,参见图 6-22(a)。

(3) 若干个直径相等且均匀分布的孔,允许画出其中一个或几个,并注出总数,其余只表示出其中心线的位置,参见图 6-22(b)。

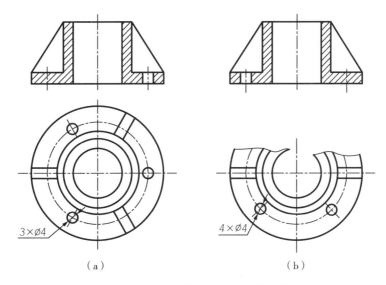

　　　　　(a)　　　　　　　　　　　　　　　(b)

图 6-22　均匀分布结构的简化画法

(4) 在需要表达剖切平面前(上或右)的结构时,可用双点画线画出其假想轮廓线,参见图 6-23。

(5) 若干直径相同且规律分布的孔,可以仅画出一个或几个,并注出孔的总数,其余用点画线表示其中心位置,参见图 6-24。

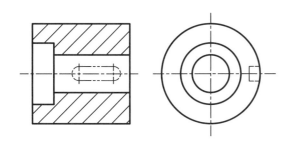

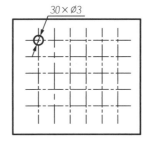

图 6-23　剖切平面前的结构的简化画法　　　图 6-24　相同结构的简化画法

(6) 在不致引起误解时,对称零件的视图可只画一半(图 6-25)或略大于一半[图 6-22(b)]。只画一半时,应在对称中心线的两端画出对称符号(两条平行且与对称中心线垂直的细实线)。

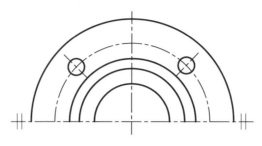

图 6-25　对称零件的简化画法

（7）圆形法兰和类似机件上均匀分布的孔的简化画法，参见图 6-26。

（8）在不致引起误解时，图形中的过渡线、相贯线可以简化，用圆弧或直线代替非圆曲线，参见图 6-26。

（9）与投影面倾斜角小于或等于 30° 的圆或圆弧，其投影可用圆或圆弧代替，参见图6-27。

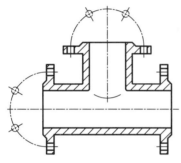
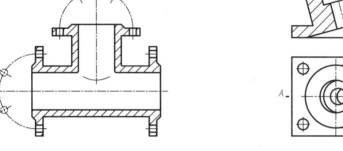

图 6-26　圆形法兰、孔及相贯线的简化画法　　　　图 6-27　倾斜角小于或等于 30° 的圆的简化画法

（10）机件上斜度不大的结构，如在一个图形中表达清楚时，其他图形可按小端画出，参见图 6-28。

（11）在不致引起误解时，机件的小圆角、小倒角等结构允许省略不画，但必须注明尺寸或在技术要求中加以说明，参见图 6-29。

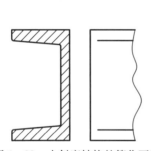
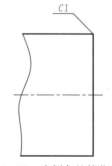

图 6-28　小斜度结构的简化画法　　　　图 6-29　小倒角的简化画法

（12）当在图形上不能充分表达平面时，可用平面符号（两条相交的细实线）表示，参见图6-30。

（13）当机件较长，且沿长度方向的形状一致或按一定规律变化时，可断开后缩短绘制，参见图 6-31。

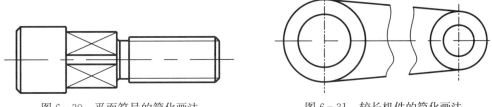

图 6-30　平面符号的简化画法　　　　　　　　图 6-31　较长机件的简化画法

6.6　图样的表达方法应用

图 6-32(a)为一个支架，它由上部圆柱、中间十字形支承板和下部底板组成。采用主视图、左视图、移出断面和斜视图来表达该零件形状结构，如图 6-32(b)(c)所示。主视图采用局部剖视图，表达了上部圆柱、中间十字形支承板和下部底板的外部形状，以及上部圆柱的内部圆柱孔和底板的圆柱孔。左视图采用局部视图，表达了上部圆柱和中间十字形支承板的连接关系。移出断面表达了中间十字形支承板的断面形状。斜视图表达了下部倾斜底板的形状以及孔的分布。

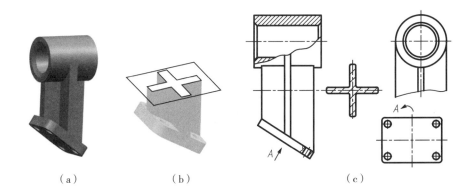

（a）　　　　　　　　（b）　　　　　　　　（c）

图 6-32　支架的表达方案

思 考 题

6-1　请说出全剖视图、半剖视图和局部剖视图的区别。

6-2　请说出断面图和剖视图的区别。

6-3　剖切到肋板时，什么情况画剖面线，什么情况不画剖面线？

6-4　根据题 6-4 图中已有的两个视图，画出主视图的全剖视图和左视图的半剖视图。

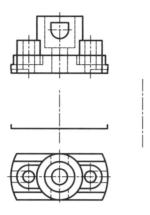

题 6-4 图

6-5　根据题 6-5 图中已有的两个视图,画出主视图的半剖视图和左视图的全剖视图。

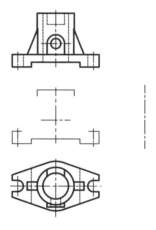

题 6-5 图

6-6　根据题 6-6 图中已有的两个视图,画出主视图的全剖视图和左视图的半剖视图。

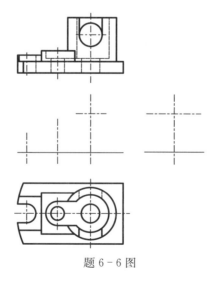

题 6-6 图

第**7**章 常用机件的表示法

常用机件包括标准件和常用件。标准件是指结构、尺寸、标记及技术要求都已标准化的机件,如螺栓、螺柱、螺钉、螺母、垫圈、键、销、滚动轴承等。常用件是指部分结构已标准化的机件,如齿轮、弹簧等。本章主要介绍螺纹、螺纹紧固件、齿轮、销、键、滚动轴承、弹簧的表示方法。

7.1 螺 纹

螺纹是零件上最常见的一种结构。螺栓、螺母、螺钉、螺杆等零件都是利用表面制有的螺纹而起连接或传动作用的。螺纹广泛应用于机械、电气、航空、航天、化工、兵器和造船等多个行业的机件中,因此其表示法的标准是制图标准中十分重要的一项内容。

螺纹的加工方法有很多,例如车削或用板牙和丝锥等工具加工。在车削时,机床的三角卡盘夹住工件做等速旋转,车刀沿径向进刀一定深度,并沿工件轴线方向移动,螺纹便加工出来了,图 7-1 为车床加工外螺纹和内螺纹的示意图。对于直径较小的工件,可用板牙和丝锥加工螺纹。

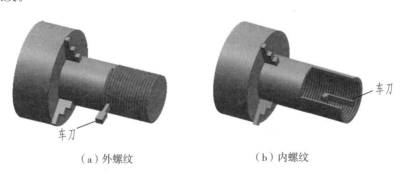

(a) 外螺纹   (b) 内螺纹

图 7-1 车床加工外螺纹和内螺纹示意图

7.1.1 螺纹的要素

1. 螺纹牙型

通过螺纹轴线的剖面的轮廓形状称为螺纹牙型。常见的螺纹牙型有三角形、梯形、锯齿形等,参见图 7-2。

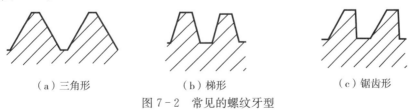

(a) 三角形   (b) 梯形   (c) 锯齿形

图 7-2 常见的螺纹牙型

2. 螺纹直径

螺纹直径分为螺纹大径、螺纹小径和螺纹中径。螺纹大径是指与外螺纹牙顶或内螺纹牙底相切的假想圆柱面的直径,外螺纹大径用 d 表示,内螺纹大径用 D 表示;螺纹小径是指与外螺纹牙底或内螺纹牙顶相切的假想圆柱面的直径,外螺纹小径用 d_1 表示,内螺纹小径用 D_1 表示;螺纹中径是指过螺纹牙厚(与螺纹槽宽相等处的假想圆柱面直径),分别用 d_2 和 D_2 表示,参见图 7-3。

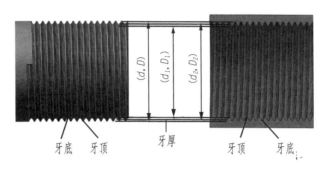

图 7-3　螺纹直径

3. 螺纹线数

沿一条螺旋线形成的螺纹叫作单线螺纹,沿两条或两条以上在轴向等距分布的螺旋线所形成的螺纹叫作双线螺纹或多线螺纹,参见图 7-4。

4. 螺距和导程

螺纹上相邻两牙在中径线上对应两点之间的轴向距离 P 称为螺距。同一条螺纹上相邻两牙在中径线上对应两点之间的轴向距离 T 称为导程,参见图 7-4。

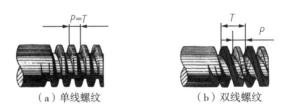

（a）单线螺纹　　　　（b）双线螺纹

图 7-4　螺纹线数、螺距和导程

5. 螺纹旋向

螺纹旋向分为右旋和左旋。顺时针方向旋转旋入的螺纹为右旋螺纹,逆时针方向旋转旋入的螺纹为左旋螺纹。图 7-5 中,螺纹部分向右上升的是右旋螺纹,螺纹部分向左上升的是左旋螺纹。

牙型、直径、线数、螺距、导程和旋向是螺纹的基本要素。这些要素必须一致,内外螺纹才能旋合。

7.1.2　螺纹的种类

螺纹按标准化程度可以分为标准螺纹、特殊螺纹和非标准

（a）右旋螺纹　　　（b）左旋螺纹

图 7-5　螺纹旋向

螺纹三类。牙型、大径和螺距都符合国家标准的螺纹,称为标准螺纹。牙型符合国家标准,而大径和螺距不符合国家标准的螺纹,称为特殊螺纹。牙型不符合国家标准的螺纹,称为非标准螺纹。

螺纹按用途可以分为连接螺纹和传动螺纹两类。常见的连接螺纹包括粗牙普通螺纹、细牙普通螺纹和管螺纹。常见的传动螺纹包括梯形螺纹和锯齿形螺纹。

7.1.3　螺纹的画法

1. 外螺纹的画法

绘制外螺纹时,外螺纹的大径线用粗实线表示,小径线用细实线表示,在投影为圆的视图上,表示牙底的细实线圆只画约 3/4 圈,倒角圆的投影省略不画,螺纹终止线用粗实线表示,其剖视图或断面图上的剖面线都必须画到粗实线上。当需要表示螺纹收尾时,螺尾部分的牙底线与轴线成 30°,用细实线画出,但一般可以省略不画。螺纹终止线在视图和剖视图中的画法有所区别。参见图 7 - 6。

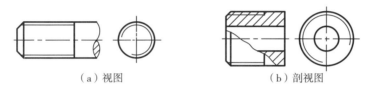

（a）视图　　　　　　　　（b）剖视图

图 7 - 6　外螺纹的画法

2. 内螺纹的画法

绘制内螺纹时,内螺纹的大径线用细实线表示,小径线用粗实线表示,在投影为圆的视图上,表示牙底的细实线圆只画约 3/4 圈,倒角圆的投影省略不画,螺纹终止线用粗实线表示,其剖视图或断面图上的剖面线都必须画到粗实线上,钻孔的锥顶角按 120°绘制,螺纹收尾可以省略不画,参见图 7 - 7。

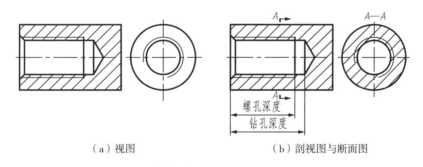

（a）视图　　　　　　　　（b）剖视图与断面图

图 7 - 7　内螺纹的画法

3. 内、外螺纹连接的画法

在绘制内、外螺纹连接的剖视图时,螺纹的旋合部分按照外螺纹的画法绘制,其余部分仍按各自的画法绘制。内、外螺纹的大、小径要分别对齐。剖面线应画到粗实线上。当旋紧时,外螺纹的螺纹终止线应与零件的孔端面的投影对齐。当内、外螺纹连接不剖开时,不可见部分的所有图线均用虚线绘制。参见图 7 - 8。

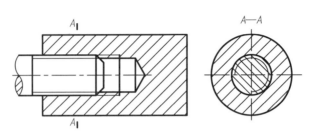

图 7-8 内、外螺纹连接的画法

7.1.4 螺纹的标注

1. 普通螺纹的标注

普通螺纹完整标记的各部分顺序如下：

> 螺纹特征代号 尺寸代号 - 公差带代号 - 旋合长度组代号 - 旋向代号

（1）螺纹特征代号：普通螺纹用 M 表示。

（2）尺寸代号：单线螺纹为"公称直径×螺距"，多线螺纹为"公称直径×Ph 导程 P 螺距"。普通粗牙螺纹允许不标注螺距。在不致误解的情况下，可以省略导程代号 Ph。为了更清晰地标记多线螺纹，可以在螺距后加括号用英语说明螺纹的线数。

（3）公差带代号：包含中径公差带代号和顶径（内螺纹小径或外螺纹大径）公差带代号。中径公差带代号在前，顶径公差带代号在后。中径和顶径的公差带代号均由表示公差等级的数值和表示公差带位置的字母（内螺纹用大写字母，外螺纹用小写字母）组成，如 5H、6g。如果两公差带代号相同，只标注一个公差带代号。

（4）旋合长度组代号：分为长旋合长度组（L）、中等旋合长度组（N）、短旋合长度组（S）。一般情况下，采用中等旋合长度组螺纹，其代号 N 可以省略不标。若采用长旋合长度组螺纹，需要标注 L；若采用短旋合长度组螺纹，需要标注 S。

（5）旋向代号：左旋螺纹标注 LH，右旋螺纹省略标注。

［例 7-1］ 请分别说明"M20×2-5g6g-S-LH"和"M14×Ph6P2（three starts）-7H-L-LH"的含义。

解：M20×2-5g6g-S-LH 表示普通细牙单线外螺纹，公称直径为 20 mm，螺距为 2 mm，中径公差带代号为 5g，顶径公差带代号为 6g，短旋合长度组，左旋。

M14×Ph6P2（three starts）-7H-L-LH 表示普通细牙三线内螺纹，公称直径为 14 mm，导程为 6 mm，螺距为 2 mm，中径公差带代号为 7H，顶径公差带代号为 7H，长旋合长度组，左旋。

2. 梯形螺纹的标注

梯形螺纹完整标记的各部分顺序如下：

> 螺纹特征代号 尺寸代号 - 旋向代号 - 公差带代号 - 旋合长度组代号

（1）螺纹特征代号：梯形螺纹用 Tr 表示。

（2）尺寸代号：单线螺纹导程与螺距相等，标注"公称直径×螺距"；多线螺纹标注"公称直径×导程（P 螺距）"。

（3）旋向代号：左旋螺纹标注 LH，右旋螺纹省略标注。

（4）公差带代号：仅包含中径公差带代号。

（5）旋合长度组代号：分为长旋合长度组(L)和中等旋合长度组(N)。中等旋合长度组螺纹，其代号 N 省略不标。

[例 7 - 2]　请说明"Tr40×14 (P7)LH - 7e"的含义。

解：该螺纹为梯形螺纹，双线、左旋外螺纹，公称直径为 40 mm，导程为 14 mm，螺距为 7 mm，中径公差带代号为 7e。

普通螺纹和梯形螺纹的标注方法参见图 7 - 9。

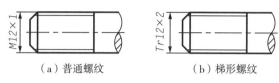

（a）普通螺纹　　　　　　（b）梯形螺纹

图 7 - 9　普通螺纹和梯形螺纹的标注方法

3.管螺纹的标注

管螺纹的标记样式如下：

| 螺纹特征代号 | 尺寸代号 | 公差等级代号 |

（1）螺纹特征代号：非螺纹密封管螺纹用 G 表示，螺纹密封管螺纹用 Rp(圆柱内螺纹)、Rc(圆锥内螺纹)、R_1(与圆柱内螺纹配合的圆锥外螺纹)、R_2(与圆锥内螺纹配合的圆锥外螺纹)表示。

（2）尺寸代号：管螺纹的尺寸代号并不是螺纹的大径，而是近似等于管孔径的英寸数值。

（3）公差等级代号：非螺纹密封管螺纹的外螺纹有 A 和 B 两种公差等级，应标出。其他管螺纹只有一种公差等级，故不标注。

管螺纹的标注方法参见图 7 - 10，采用指引线标注，指引线从大径引出。

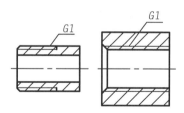

图 7 - 10　管螺纹的标注方法

4.特殊螺纹和非标准螺纹的标注

特殊螺纹应该在特征代号前加注"特"字，并标注大径和螺距，参见图 7 - 11(a)。非标准螺纹应该画出其牙型，并标注全部尺寸，参见图 7 - 11(b)。

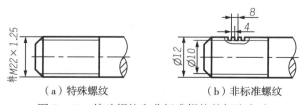

（a）特殊螺纹　　　　　　（b）非标准螺纹

图 7 - 11　特殊螺纹和非标准螺纹的标注方法

7.2 螺纹紧固件

用螺纹起连接和紧固作用的零件称为螺纹紧固件,由于这些零件都是标准件,可以按要求根据相关标准进行选用。常见的螺纹紧固件如图 7-12 所示。采用螺纹紧固件进行的连接,主要包括螺栓连接、螺柱连接和螺钉连接三种。

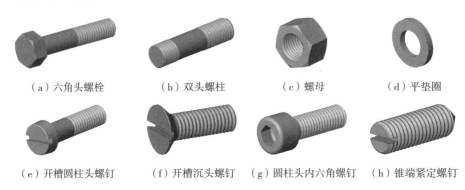

（a）六角头螺栓　　（b）双头螺柱　　（c）螺母　　（d）平垫圈

（e）开槽圆柱头螺钉　　（f）开槽沉头螺钉　　（g）圆柱头内六角螺钉　　（h）锥端紧定螺钉

图 7-12　常见的螺纹紧固件

螺纹紧固件的规定标记一般如下:

名称 标准编号 规格尺寸

例如:螺栓(GB/T 5782)M12×80、双头螺柱(GB 897)M10×50、螺钉(GB/T 65)M10×50。

7.2.1 螺栓连接

螺栓连接常常用于被连接的零件不太厚,能钻出通孔,可以在被连接零件两边同时装配的场合。螺栓连接如图 7-13 所示。螺栓连接通过螺栓、垫圈和螺母对两个零件进行连接。下面介绍螺栓、螺母、垫圈,以及螺栓连接的画法。

1. 螺栓

六角头螺栓是螺栓中比较常用的一种,其规格尺寸详见附录 2。六角头螺栓(C 级)的画法参见图 7-14。

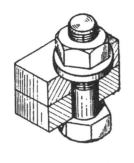

图 7-13　螺栓连接示意图

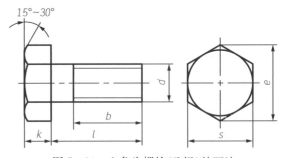

图 7-14　六角头螺栓(C 级)的画法

2. 螺母

六角螺母是比较常见的一种螺母,其规格尺寸详见附录 5。六角螺母的画法参见图 7-15。

3. 垫圈

平垫圈是比较常见的一种垫圈,其规格尺寸详见附录 6。平垫圈的画法参见图 7 - 16。平垫圈能够保护被连接零件的表面,以免螺母刮伤零件表面,同时能够增大螺母与被连接零件的支承面积。

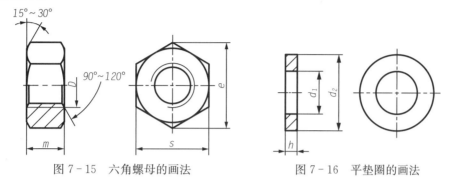

图 7 - 15　六角螺母的画法　　　　　　图 7 - 16　平垫圈的画法

4. 螺栓连接的画法

绘制螺栓连接时,需要从附录或相关标准中分别查出螺栓、螺母和垫圈的尺寸,并计算螺栓的公称长度 l。螺栓的公称长度 l ＝两个被连接零件的厚度＋垫圈厚度＋螺母高度＋$0.3d$。其中 d 为螺栓的螺纹规格。根据算出的 l,在螺栓长度系列中选取与估算值最接近而且稍大的标准值。可以通过查到及计算出的参数绘制螺栓连接,也可以采用比例画法进行绘图。比例画法绘图步骤如图 7 - 17 所示。首先绘制两个被连接件,采用全剖画法绘制,两个被连接件的剖面线方向相反,被连接件的通孔尺寸为 $1.1d$,如图 7 - 17(a)所示;然后在通孔内绘制螺栓,其参数如图 7 - 17(b)所示;再在螺栓上方绘制平垫圈,其参数如图 7 - 17(c)所示;最后绘制螺母,其参数如图 7 - 17(d)所示。

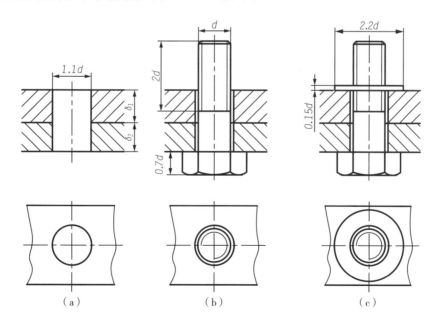

（a）　　　　　　　　（b）　　　　　　　　（c）

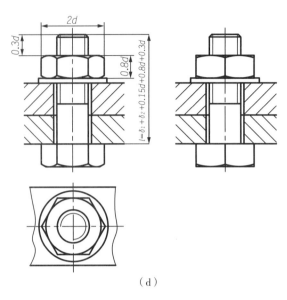

（d）

图 7-17　螺栓连接的比例画法

[**例 7-3**]　请找出图 7-18(a)中螺栓连接画法的错误。

解: 如图 7-18(b)所示,(1)螺母上方伸出来的螺栓部分没有绘制;(2)螺纹小径和螺纹终止线没有绘制;(3)螺栓连接中螺栓的圆柱部分没有绘制;(4)被连接零件为两个不同零件,剖面线方向绘制错误;(5)在俯视图中,螺栓的投影没有绘制。

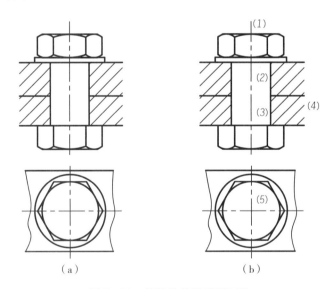

（a）　　　　　　　　　　　　　　（b）

图 7-18　螺栓连接的错误画法

7.2.2　螺柱连接

螺柱连接常常用于被连接的两零件中有一个较厚,不宜钻成通孔,或由于结构上的原因不能用螺栓连接的场合。螺柱两端都有螺纹,一端旋入一个被连接件的内螺纹孔内,另一端穿过另一个被连接件的通孔,并与垫圈和螺母配合拧紧。

1. 双头螺柱

双头螺柱分为 A 型和 B 型两种,图 7-19 为 B 型双头螺柱,一端为旋入端,另一端为紧固端。旋入端长度 b_m 由螺纹大径和带螺孔零件的材料而定,国家标准规定了四种不同旋入端长度:对于钢和青铜零件,取 $b_m = d$(GB/T 897—1988);对于铸铁零件,取 $b_m = 1.25d$(GB/T 898—1988)或 $b_m = 1.5d$(GB/T 899—1988);对于铝零件,取 $b_m = 2d$(GB/T 900—1988)。双头螺柱的规格尺寸详见附录 3。B 型双头螺柱的画法参见图 7-19。

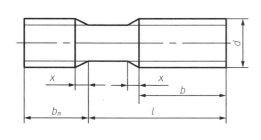

图 7-19　B 型双头螺柱

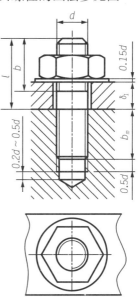

图 7-20　双头螺柱连接的画法

2. 螺柱连接的画法

绘制螺柱连接时,需要从附录或相关标准中查出双头螺柱、螺母和垫圈的尺寸,并需要计算螺柱的公称长度 l。螺柱的公称长度 l = 光孔零件的厚度 + 垫圈厚度 + 螺母高度 + $0.2d$。d 为螺柱的螺纹规格。根据算出的 l,在双头螺柱长度系列中选取与估算值最接近的标准值。双头螺柱连接的画法与螺栓连接画法类似,如图 7-20 所示。

7.2.3 螺钉连接

螺钉连接不用螺母、垫圈,把螺钉直接旋入下部零件的螺孔中即可。螺钉适用于受力不大,不需要经常拆卸的场合。

1. 螺钉

螺钉头部有圆柱头和开槽盘头等型式,按不同要求选用。图 7-21 为开槽沉头螺钉,图 7-22 为开槽平端紧定螺钉。螺钉的规格尺寸参见附录 4。

2. 螺钉连接的画法

螺钉连接部分的画法与双头螺柱旋入内螺纹孔的画法接近,螺纹终止线应该画在被旋入连接件的螺孔顶面投影线上方。开槽螺钉头部的槽口,在主视图中应反映出来,俯视图不按投影关系画,应按规定画成倾斜 45°。图 7-23 为常用的几种螺钉连接的画法。

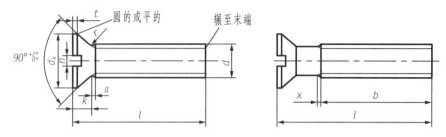

图 7 - 21　开槽沉头螺钉

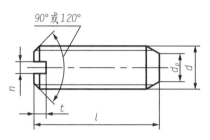

图 7 - 22　开槽平端紧定螺钉

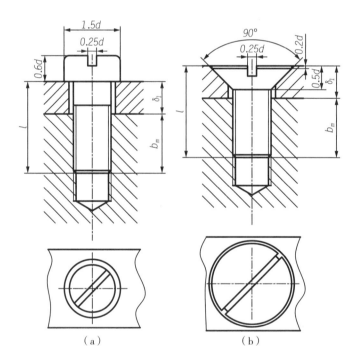

（a）　　　　　　　　（b）

图 7 - 23　螺钉连接的画法

7.3　齿　轮

齿轮是机器中广泛应用的传动零件,可用来传递动力、改变运动速度和方向以及变换运动方式等。齿轮的种类有很多,常用的有圆柱齿轮、圆锥齿轮、蜗轮蜗杆等。下面主要介绍直齿圆柱齿轮。

7.3.1　齿轮的主要尺寸及基本参数

直齿圆柱齿轮的立体图如图 7-24(a)所示,其主要尺寸[图 7-24(b)]如下:

(1) 齿顶圆直径 d_a——通过齿顶部的圆的直径。

(2) 齿根圆直径 d_f——通过齿根部的圆的直径。

(3) 分度圆直径 d——齿厚与齿槽相等时所在位置的圆的直径。

(4) 齿厚 s——轮齿分度圆上的弧长。

(5) 齿槽 e——相邻两齿分度圆上相邻点的弧长。

(6) 齿距 p——分度圆上相邻两齿对应点之间的弧长。

(7) 齿顶高 h_a——齿顶圆与分度圆之间的径向距离。

(8) 齿根高 h_f——齿根圆与分度圆之间的径向距离。

(9) 全齿高 h——齿顶圆与齿根圆之间的径向距离。

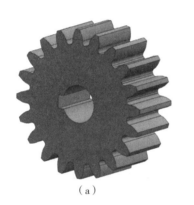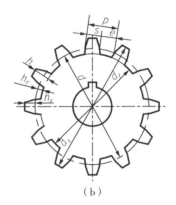

(a)　　　　　　　　　　　　　　　　(b)

图 7-24　直齿圆柱齿轮立体图及其主要尺寸

直齿圆柱齿轮的基本参数如下:

(1) 模数 m——齿距 p 与 π 的比值。

(2) 齿数 z——一个齿轮的轮齿总数。当齿数 z 一定时,模数 m 增大,齿厚 s 增大,承载能力增大。齿轮的模数已标准化,参见表 7-1。

表 7-1　标准模数

第 1 系列 (优先选用)	1　1.25　1.5　2　2.5　3　4　5　6　8　10　12　16　20　25　32　40　50
第 2 系列 (可以选用)	1.75　2.25　2.75　(3.25)[①]　3.5　(3.75)　4.5　5.5　(6.5)　7　9　(11)　14　18　22　28 (30)　36　45

注:①括号内数据尽可能不用。表中数据以外的数据为非标准模数,不要采用。

(3) 压力角 α——啮合接触点 P 处两齿廓曲线的公法线与两分度圆的公切线之间的夹角,$\alpha = 20°$。

模数和压力角均相同的齿轮才能啮合。两个互相啮合的齿轮的圆心距离叫作中心距

a。直齿圆柱齿轮各部分尺寸计算公式参见表 7－2。

表 7－2　直齿圆柱齿轮各部分尺寸计算表

名称及代号	公式	名称及代号	公式
分度圆直径 d	mz	齿顶高 h_a	m
齿顶圆直径 d_a	$m(z+2)$	齿根高 h_f	$1.25m$
齿根圆直径 d_f	$m(z-2.5)$	全齿高 h	$2.25m$
齿距 p	πm	中心距 a	$m(z_1+z_2)/2$

7.3.2　齿轮的画法

对于单个直齿圆柱齿轮,一般用两个视图来表达,如图
7－25 所示。在投影为圆的视图上,齿顶圆用粗实线绘制,
分度圆用点画线绘制,齿根圆用细实线绘制,也可省略不
画。在非圆视图中,齿顶线用粗实线绘制,分度圆用点画线
绘制,齿根线用细实线绘制,也可省略不画。在非圆剖视图
中,当剖切平面通过齿轮的轴线时,轮齿一律按不剖处理,
齿顶线用粗实线绘制,分度圆用点画线绘制,齿根线用粗实

图 7－25　单个直齿圆柱
齿轮的画法

线绘制。如果需要表明齿形,可在图形中用粗实线画出一个或两个齿,或用适当比例的局部
放大图来表示。

两个直齿圆柱齿轮啮合时,在投影为非圆的剖视图上,节线重合,用点画线绘制,齿根线
用粗实线绘制,一个齿轮(常为主动轮)的齿顶线用粗实线绘制,另一个齿轮(常为从动轮)
的齿顶线用虚线绘制或省略不画,如图 7－26(a)所示。在投影为圆的视图上,两个节圆相
切,用点画线绘制,齿顶圆用粗实线绘制,齿根圆用细实线绘制,如图 7－26(b)所示。在
投影为圆的视图上,啮合区可以省略不画,齿根圆也可以省略不画,如图 7－26(c)所示。
在投影为非圆的视图上,啮合区齿顶线和齿根线不必画出,节线用粗实线绘制,如图 7－
26(d)所示。

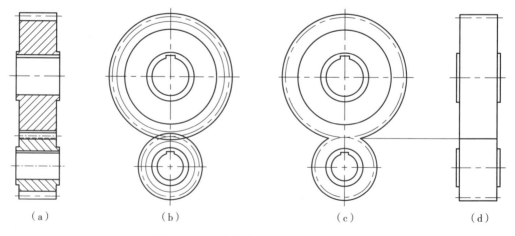

|（a） | （b） | （c） | （d） |

图 7－26　两个直齿圆柱齿轮啮合的画法

7.4　销

销是一种用于连接或定位的标准件。常用的销的有圆柱销、圆锥销、开口销，其画法如图 7-27 所示。销的标记和规格尺寸参见附录 7。

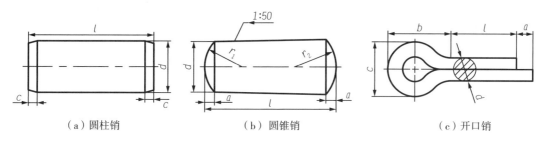

（a）圆柱销　　　　　　　　（b）圆锥销　　　　　　　　（c）开口销

图 7-27　常用的销的画法

销连接的画法如图 7-28 所示，在剖视图中，当剖切平面通过销的轴线时，销按不剖画出。圆柱销和圆锥销的装配要求比较高，销孔一般在被连接件装配后统一加工。

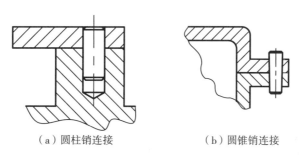

（a）圆柱销连接　　　　　　　　（b）圆锥销连接

图 7-28　销连接的画法

7.5　键

键通常用来连接轴和装在轴上的齿轮、皮带轮、联轴器等传动零件，以传递扭矩。常用的键包括普通平键、半圆键和钩头楔键，如图 7-29 所示。键的标记和规格尺寸参见附录 8。选用键时，可按有关标准，根据轴径选择键的宽 b 和高 h，长度 l 按需确定。普通平键和半圆键的画法如图 7-30 所示。普通平键连接的画法如图 7-31 所示。

（a）普通平键　　　　　　　　（b）半圆键　　　　　　　　（c）钩头楔键

图 7-29　常用的键

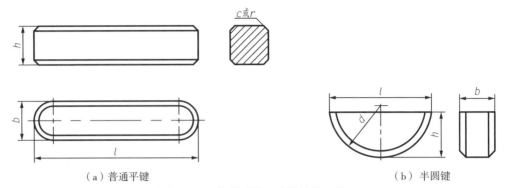

图 7-30　普通平键和半圆键的画法

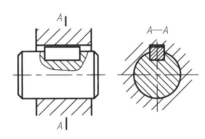

图 7-31　普通平键连接的画法

7.6　滚动轴承

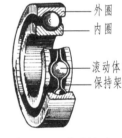

图 7-32　滚动轴承
结构示意图

滚动轴承是机械设备中广泛用于支持旋转轴的一种部件,具有结构紧凑、摩擦阻力小等优点。按滚动轴承受力方向不同,可分为向心轴承、推力轴承和向心推力轴承。向心轴承承受径向力,推力轴承承受轴向力,向心推力轴承同时承受径向力和轴向力。

滚动轴承由外圈、内圈、滚动体和保持架四部分组成,如图 7-32 所示。外圈装在轴承座的孔内,固定不动,内圈套装在轴上,可以随轴旋转,滚动体有球、圆柱、圆锥等形状,保持架将滚动体分隔开。

7.6.1　滚动轴承的代号

滚动轴承常用基本代号由轴承类型代号、尺寸系列代号和内径代号组成。尺寸系列代号由轴承的宽(高)度系列代号(一位数字)和直径系列代号(一位数字)左右排列组成。除圆锥滚子轴承外,其余各类轴承宽度系列代号均为"0",省略不标注。

[例 7-1]　请说明"轴承 6204"的含义。

解:6 表示轴承类型代号(深沟球轴承)。

2 表示尺寸系列代号,宽度系列代号为 0,直径系列代号为 2,0 省略不标注。

04 表示内径代号(内径尺寸=04×5=20 mm)。

[例 7-2]　请说明"轴承 51406"的含义。

解:表示内径为 30 mm,尺寸系列代号为 14 的推力球轴承。

7.6.2　滚动轴承的画法

表 7-3 为常用的滚动轴承的规定画法和特征画法。

表 7 - 3　常用的滚动轴承的画法

轴 承 类 型	规 定 画 法	特 征 画 法
深沟球轴承 GB/T 276—2013	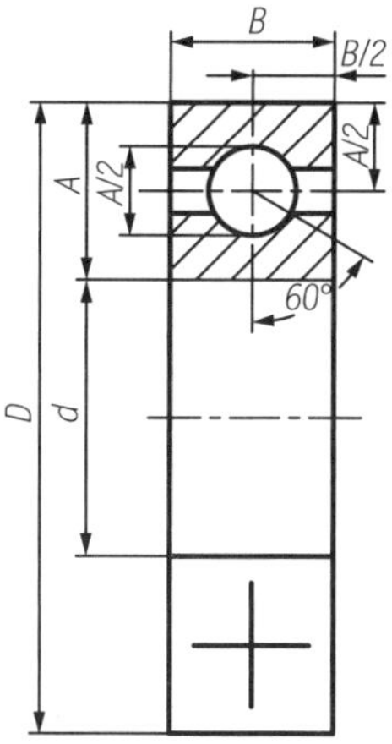	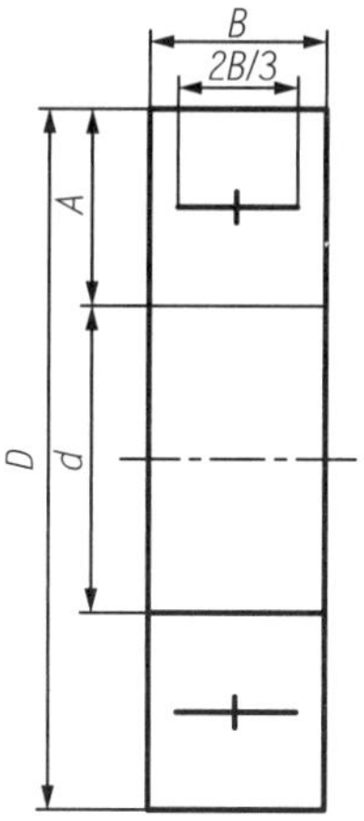
圆锥滚子轴承 GB/T 297—2015	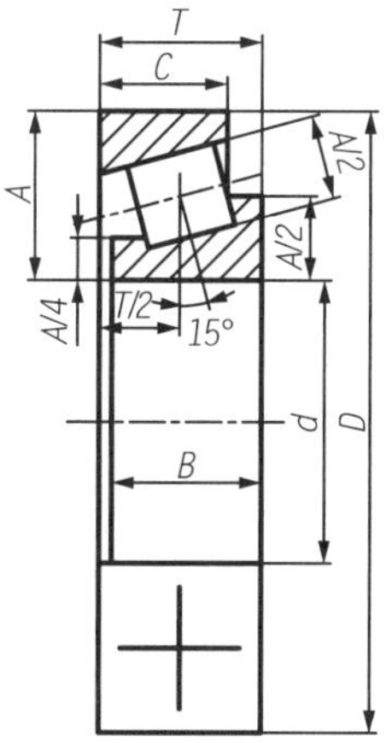	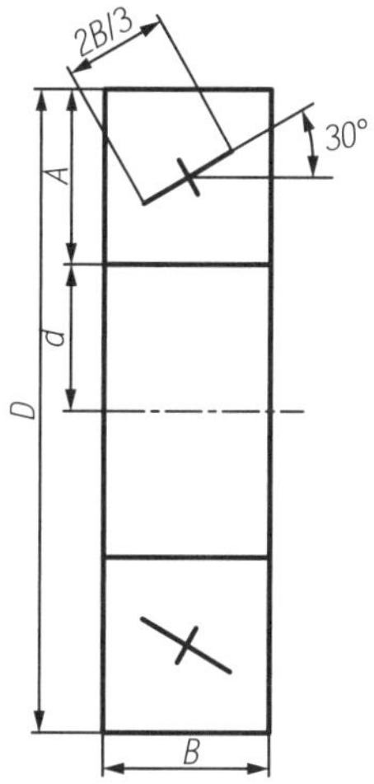
推力球轴承 GB/T 301—2015	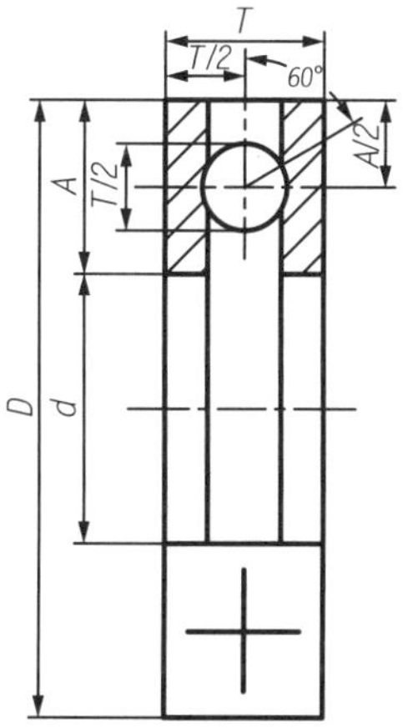	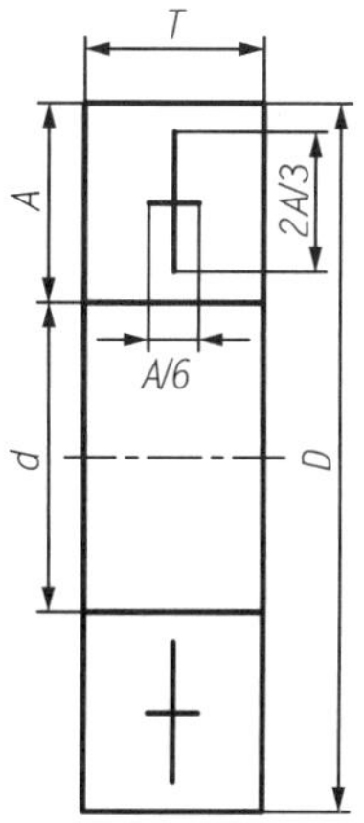

7.7　弹　簧

弹簧是一种储能的零件,可用于减震、夹紧、承受冲击、储存能量和测力等场合。弹簧的种类有很多,如螺旋弹簧、板弹簧、平面涡卷弹簧、碟形弹簧等。螺旋弹簧应用较为广泛,本节主要介绍圆柱螺旋压缩弹簧。

7.7.1　圆柱螺旋压缩弹簧的参数名称和尺寸

圆柱螺旋压缩弹簧的立体图如图 7-33(a)所示,其尺寸代号[图 7-33(b)]如下:

(1) 材料直径 d——制作弹簧的金属丝直径。

(2) 弹簧外径 D——弹簧外圈直径。

(3) 弹簧内径 D_1——弹簧内直径,$D_1 = D - 2d$。

(4) 弹簧中径 D_2——弹簧的平均直径,$D_2 = (D_1 + D) / 2$。

(5) 有效圈数 n_1——压缩弹簧除支承圈外,保持相等节距的圈数。

(6) 支承圈数 n_2——为使压缩弹簧工作时受力均匀,保持中心垂直于支承端面,两端并紧且磨平部分的圈数,$n_2 = 1.5 \sim 2.5$。

(7) 总圈数 n—— $n = n_1 + n_2$。

(8) 节距 t——除支承圈外,相邻两圈沿轴向距离。

(9) 自由高 H_0——弹簧在不受力作用下的高度。

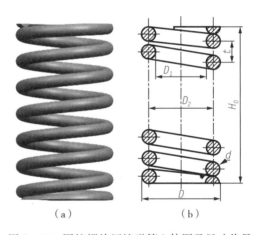

(a)　　　　　　　　　(b)

图 7-33　圆柱螺旋压缩弹簧立体图及尺寸代号

7.7.2　圆柱螺旋压缩弹簧的画法

圆柱螺旋压缩弹簧的剖视图画法如图 7-34(a)所示,视图画法如图 7-34(b)所示。螺旋弹簧在平行于轴线的投影面上的视图中,其各圈的轮廓应画成直线。螺旋弹簧均可画成右旋,但左旋弹簧不论画成右旋或左旋,要在技术要求中注明旋向为左旋或在右上方的参数表中注明。螺旋压缩弹簧,如要求两端并紧且磨平时,不论支承圈的圈数为多少以及末端贴紧情况如何,均按图 7-34绘制,必要时也可按支承圈的实际结构绘制。有效圈数在 4 圈以上的螺旋弹簧中间部分可以省略。圆柱螺旋弹簧中间部分省略后,允许适当缩短图形的长度。

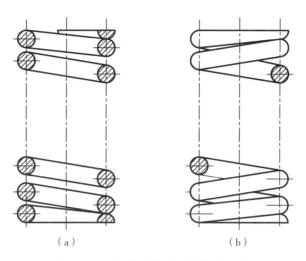

（a）　　　　　　　　　　　　　（b）

图 7 - 34　圆柱螺旋压缩弹簧的画法

弹簧在装配图中的画法如图 7 - 35 所示。绘制时需要注意以下几点：

（1）被弹簧挡住的结构一般不画出，可见部分应从弹簧的外轮廓线或从弹簧钢丝剖面的中心线画起，如图 7 - 35(a) 所示。

（2）剖视图中，弹簧钢丝直径在图形上小于或等于 2 mm 时，允许用示意图绘制，如图 7 - 35(b) 所示。

（3）剖视图中，弹簧剖面直径在图形上小于或等于 2 mm 时，其断面可用涂黑的圆点表示，如图 7 - 35(c) 所示。

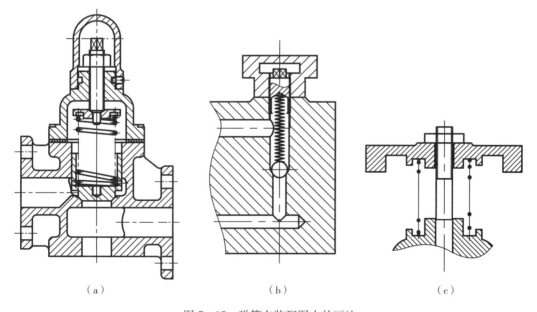

（a）　　　　　　　　　　　（b）　　　　　　　　　　　（c）

图 7 - 35　弹簧在装配图中的画法

思 考 题

7 - 1　螺纹包括哪些要素？

7 - 2　M20 的外螺纹和 M20×1.5 的内螺纹是否能够旋合？为什么？

7 - 3　指出题 7 - 3 图中螺栓连接的画法错误，并改正。

7 - 4　指出题 7 - 4 图中螺纹连接的画法错误，并改正。

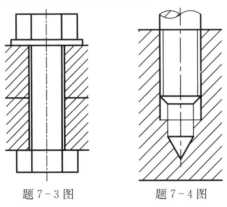

题 7 - 3 图　　　　　　　题 7 - 4 图

7 - 5　两个齿轮满足什么条件才能啮合？

7 - 6　请说明"轴承 6202"的含义。

7 - 7　若一个齿轮的模数 $m=1$，齿数 $z=20$，则该齿轮的分度圆直径、齿顶圆直径、齿根圆直径各为多少？

7 - 8　指出题 7 - 8 图中螺纹连接的画法错误，并改正。

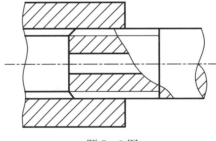

题 7 - 8 图

第8章 零件图

机器或部件都是由不同零件按一定的装配关系和技术要求装配而成的。要制造机器或部件必须按要求加工出全部零件。表达单个零件的形状、尺寸和技术要求的图样称为零件图，它是加工和检验零件的技术文件。零件可以分为一般零件、传动零件和标准件三类。一般零件包括轴套类零件、盘盖类零件、叉架类零件和箱体类零件。传动零件包括齿轮、蜗轮、蜗杆等。标准件包括螺栓、螺柱、螺钉、螺母、垫圈等。

本章主要介绍零件图的内容、零件图的视图选择、几种典型零件的表达方案、零件图的尺寸标注、零件图的技术要求、零件上常见的工艺结构和零件图的阅读。

8.1　零件图的内容

由于零件图是加工和检验零件的技术文件，因此它需要具有该零件制造和检验的全部技术信息。一张零件图应包括如下内容：

（1）一组图形，包括视图、剖视图、断面图等，这些图形能够清楚地表达零件内部和外部结构。

（2）完整尺寸，零件图中应该正确、完整、清晰、合理地标注零件制造、检验时所需的全部尺寸。

（3）技术要求，用符号、文字、数字说明零件在制造、检验或装配过程中应达到的各项要求。

（4）标题栏，位于图纸右下角，包括零件的名称、材料、数量、比例，以及图样代号、单位名称等内容。

8.2　零件图的视图选择

为了清晰地表达零件图，零件图的视图选择是非常重要的，应该合理地选择主视图和其他视图。

零件图主视图选择的一般原则如下：

（1）正投影时，零件在投影体系中的位置应尽量符合零件的主要加工位置或工作（安装）位置。加工位置是指加工过程中，零件在机床上所处的位置。工作（安装）位置是指零件在机器（或部件）上的装配位置。

（2）选择能最明显地反映零件形状、结构特征以及各组成形体之间相互关系的方向作为主视图的投射方向。

选择其他视图时，应根据零件的复杂程度，以及内部和外部结构的情况，全面考虑所需的其他视图，使每个视图均有重点表达的内容，但采用的视图数量不宜过多。另外，应该合理地布置视图位置,既要使图样清晰美观,又要使图幅充分利用。

8.3　几种典型零件的表达方案

尽管工程实际中的零件形状各异,但是常见的零件可以分成四类:轴套类零件、盘盖类零件、支架类零件和箱体类零件。

8.3.1　轴套类零件

轴套类零件以车削、磨削为主,应选择其加工位置为安放位置。画图时一般按加工位置将轴线水平安放,并将直径小的一端朝右,键槽朝前。通常采用垂直于轴线的方向作为主视图的投射方向。由于轴套类零件的基本形状是同轴回转体,所以一般只选一个基本视图,其他结构如孔、槽等常采用移出断面、局部视图和局部剖视图来表达,细部结构如螺纹退刀槽、砂轮越程槽等则采用局部放大图来表达,如图 8-1 所示为一个搅拌轴的零件图。

8.3.2　盘盖类零件

盘盖类零件包括皮带轮、手轮、齿轮等。这类零件通常在车床上加工,选择主视图时一般将轴线放在水平位置,对于加工时并不以切削为主的盖可按工作位置安放。这类零件通常采用两个视图表达,主视图常用剖视图表示孔、槽等结构,另一视图表示外形轮廓和各组成部分,比如孔的相对位置,如图 8-2 所示为一个端盖的零件图。

8.3.3　支架类零件

支架类零件的结构特点是通常有支承肋板、安装底板及底板上的安装孔、槽等结构。底板与承托部分又有连接结构,如图 8-3 所示。支架类零件因其加工位置多变,应选工作位置为安放位置。这类零件的主视图常根据结构特征选择,以表达它的形状特征、主要结构和各组成部分的相互关系。然后根据零件的具体结构形状,选用其他视图,以及移出断面、局部视图等适当的表达方式。

8.3.4　箱体类零件

箱体类零件是用来支承、包容和保护其他零件的,根据其作用常有内腔、轴承孔、凸台和肋等结构。为了安装零件和箱体再装在机座上,常有安装板、安装孔、螺孔、销钉孔等。如图 8-4 所示的壳体零件就属于箱体类零件,其由顶板、本体、左侧凸块、安装板和前侧圆柱组成。箱体类零件常按工作位置安放,以最能反映形状特征、主要结构和各组成部分相互关系的方向作为主视图的投射方向。根据结构的复杂程度,在选用视图数量最少的情况下,通常采用三个或三个以上视图,并适当选用剖视、局部视图、断面等表达方式,每个视图都应有重点表达的内容。

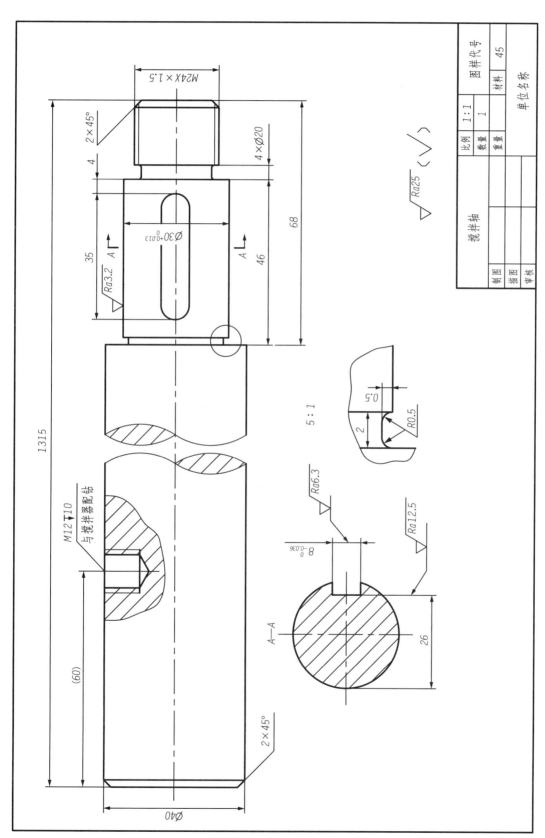

图 8 - 1 搅拌轴零件图

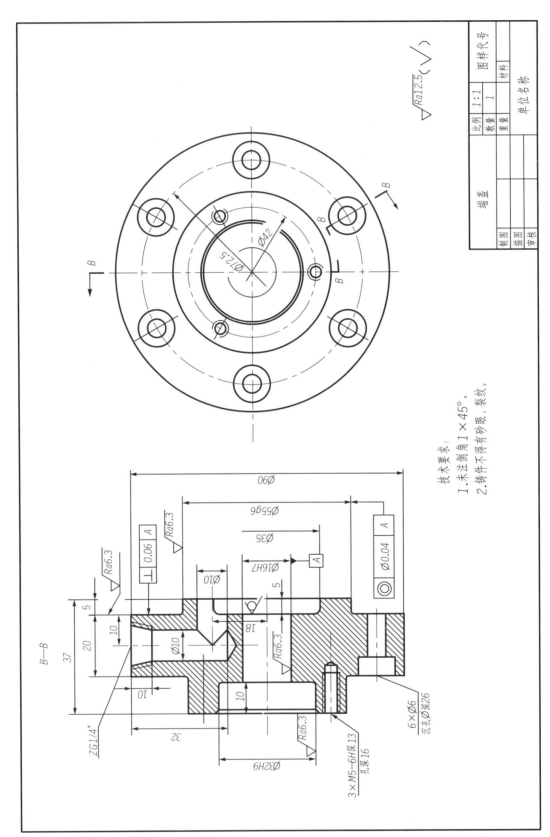

技术要求:
1.未注倒角 1×45°。
2.铸件不得有砂眼、裂纹。

图 8-2　端盖零件图

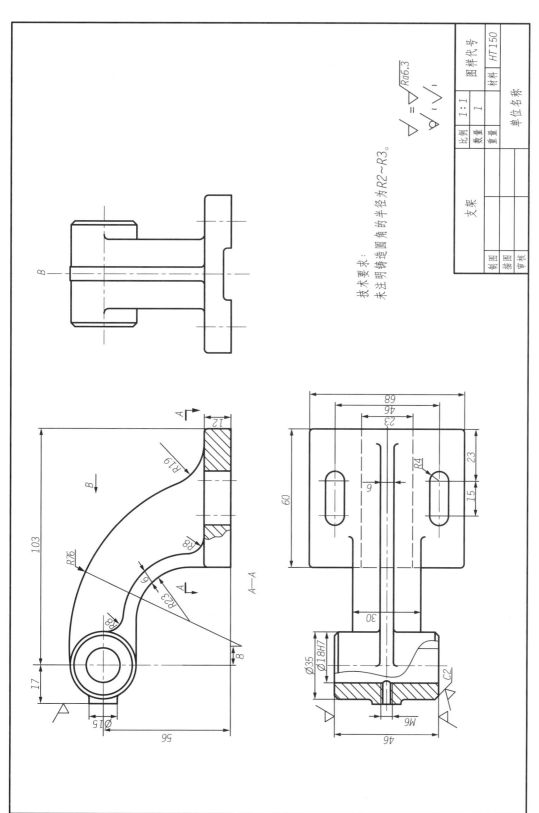

图 8 - 3　支架零件图

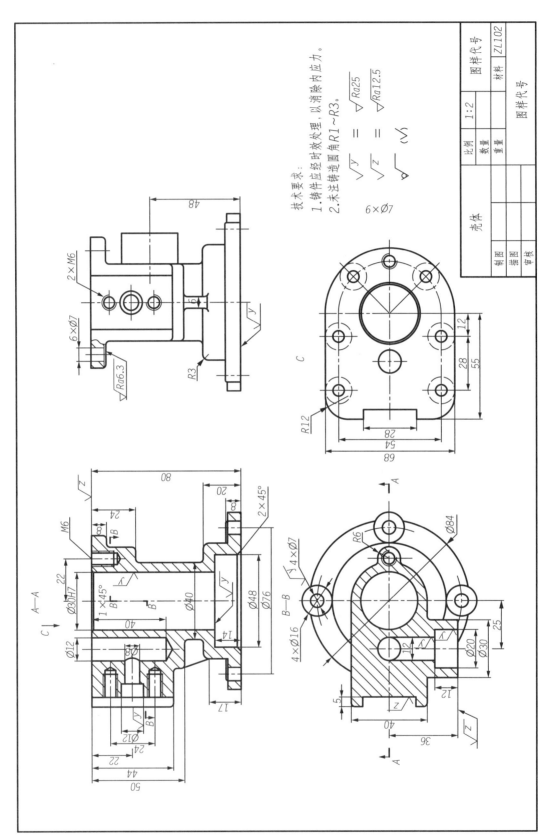

图 8-4 壳体零件图

8.4　零件图的尺寸标注

8.4.1　尺寸基准

零件图上的尺寸是制造零件和检验零件的重要依据。对零件图进行尺寸标注时，要求正确、完整、清晰和合理。为了满足设计要求且便于加工和测量，需要正确地选择尺寸基准。尺寸基准是零件上设计、制造、检测零件时度量尺寸的起点。

根据作用的不同，尺寸基准可分为两类：设计基准和工艺基准。根据设计要求直接标注出的尺寸称为设计尺寸，标注设计尺寸的起点称为设计基准，设计基准是用来确定零件在机器中工作位置的基准面或基准线。便于零件加工、测量、装配时使用的基准称为工艺基准。

零件在长、宽、高三个方向上各有一个主要基准，但根据设计、加工、测量上的要求，一般还要附加一些辅助基准，主要基准与辅助基准之间应有尺寸联系。常用的基准面有安装面、重要的支承面、端面、装配结合面、零件的对称面等。常用的基准线有零件上回转面的轴线等。

图 8-5 为泵体零件图，从图形可以看出其为左右对称形体，长度方向基准是对称面 C，宽度方向基准为俯视图中的点画线 D，高度方向基准为泵体上表面 E。

8.4.2　尺寸标注的合理性

为了满足尺寸标注的合理性，应注意以下几点：

（1）选择好标注尺寸的基准。

（2）设计尺寸、重要尺寸直接标注。

（3）应尽可能按加工顺序标注。例如，图 8-6 中的零件需要先加工退刀槽，因此需要先标注退刀槽尺寸，故图 8-6(a)标注合理，图 8-6(b)标注不合理。

（4）应考虑测量方便。

（5）不要标注形成封闭的尺寸链。例如，图 8-7 中的尺寸 2、44 和 46 形成了封闭的尺寸链，故应该去掉 44 这个尺寸。

8.4.3　常见结构要素的尺寸标注

零件中光孔、螺孔及沉孔都是零件中的常见结构要素，应按表 8-1 的标注方法进行标注。

表 8-1　常见结构要素的标注方法

常见结构要素	标注方法	说明
光孔	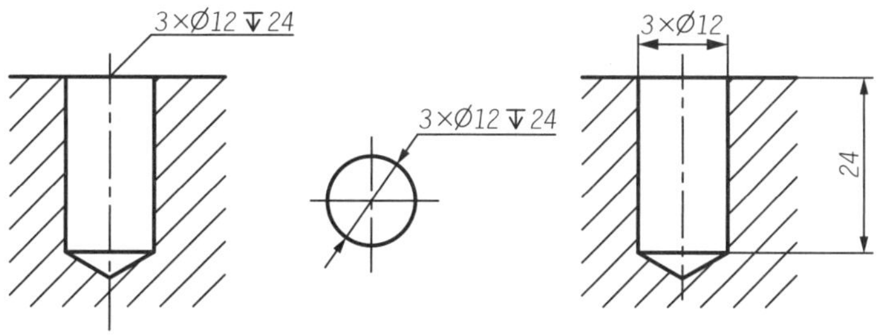	$3\times\varnothing12$ 表示直径为 12 mm，有规律分布的 3 个光孔

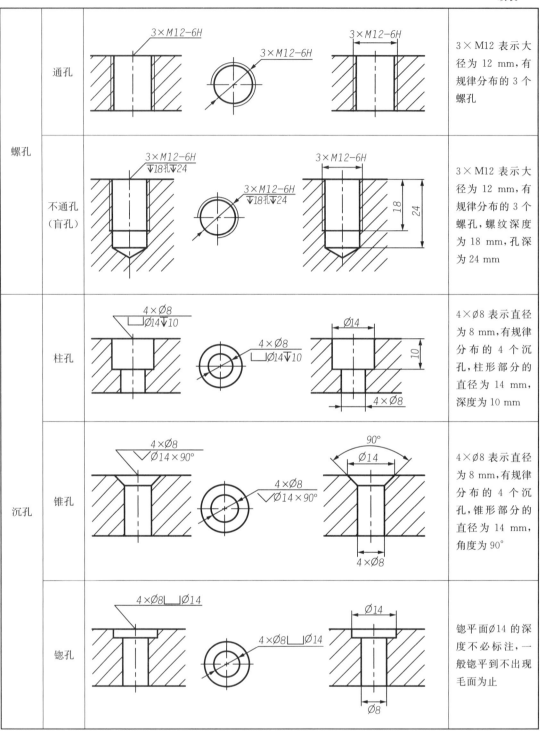

螺孔	通孔		3×M12 表示大径为 12 mm，有规律分布的 3 个螺孔
	不通孔（盲孔）		3×M12 表示大径为 12 mm，有规律分布的 3 个螺孔，螺纹深度为 18 mm，孔深为 24 mm
沉孔	柱孔		4×∅8 表示直径为 8 mm，有规律分布的 4 个沉孔，柱形部分的直径为 14 mm，深度为 10 mm
	锥孔		4×∅8 表示直径为 8 mm，有规律分布的 4 个沉孔，锥形部分的直径为 14 mm，角度为 90°
	锪孔		锪平面∅14 的深度不必标注，一般锪平到不出现毛面为止

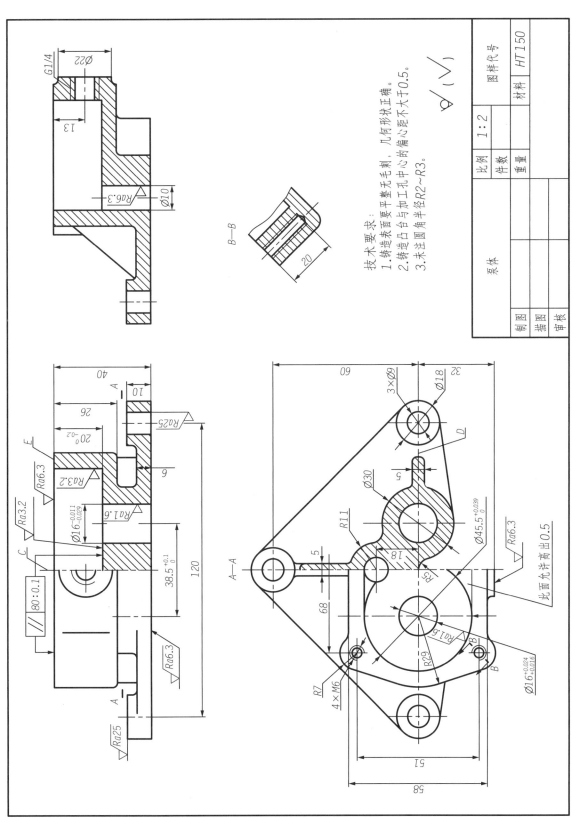

技术要求：
1. 铸造表面要平整无毛刺，几何形状正确。
2. 铸造凸台与加工孔中心的偏心距不大于0.5。
3. 未注圆角半径R2~R3。

$\sqrt{}(\sqrt{})$

泵体		比例	1：2	图样代号	
		件数			
		重量		材料	HT150
制图					
描图					
审核					

图 8 - 5 泵体零件图

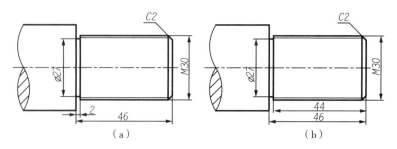

图 8-6　应按加工顺序标注尺寸

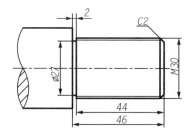

图 8-7　不要标注形成封闭的尺寸链

8.5　零件图的技术要求

8.5.1　表面粗糙度

零件表面在加工过程中,由于机床和刀具的振动、材料的不均匀等因素,加工后的表面总会留下加工的痕迹。在显微镜下观察,可以看到微观的、起伏不平的、周期性很小的痕迹。因此零件加工表面上具有较小间距的峰和谷所形成的微观几何特征称为表面粗糙度。

一般机械制造工业中常用的粗糙度参数为表面粗糙度(轮廓算术平均偏差)Ra 和轮廓最大高度 Rz。Ra 是取样长度 L 内,轮廓偏距 y 绝对值的算术平均值,Ra 的计算公式为

$$Ra = \frac{1}{L}\int_0^L |y(x)| \, \mathrm{d}x \qquad\qquad (8-1)$$

轮廓最大高度 Rz 是在取样长度 L 内,轮廓的封顶和谷底之间的距离,如图 8-8 所示。在使用时,应该根据实际用途选择合适的表面粗糙度。表 8-2 列出了常用的表面粗糙度 Ra 数值及选用举例。

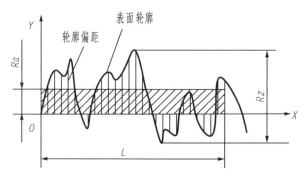

图 8-8　表面粗糙度参数

表 8 - 2 常用的表面粗糙度 Ra 数值及选用举例

Ra/μm	表 面 状 况	加 工 方 法	应 用 举 例
25	明显可见的刀痕	粗车、镗、刨、钻	粗加工后的表面,如焊接前的焊缝,粗钻孔壁等
12.5	可见刀痕	粗车、镗、刨、铣、钻	一般非结合表面,如轴的端面、倒角、齿轮及带轮的侧面,键槽的非工作表面,减重孔眼表面等
6.3	可见加工痕迹	车、镗、刨、铣、钻、锉、磨、粗铰、铣齿铣	不重要零件的非结合表面,如支柱、支架、外壳、衬套、轴、盖等的端面,紧固件的自由表面,紧固件通孔的表面,内、外花键的非定心表面,不作为计量基准的齿轮顶圆表面等
3.2	微见加工痕迹	车、镗、刨、铣、刮 1~2 点/cm²、拉、磨、锉、滚压、铣齿	和其他零件连接不形成配合的表面,如箱体、外壳、端盖等零件的端面;要求有定心及配合特性的固定支承面,如定心的轴肩,键和键槽的工作表面,不重要的紧固螺纹的表面,需要滚花或氧化处理的表面等
1.6	看不清加工痕迹	车、镗、刨、铣、铰、拉、磨、滚压、刮 1~2 点/cm²、铣齿铣	安装直径超过 80 mm 的 0 级轴承的外壳孔,普通精度齿轮的齿面,定位销孔,V 带轮的表面,外径定心的内花键外径,轴承盖的定中心凸肩表面等
0.8	可辨加工痕迹的方向	车、镗、拉、磨、立铣、刮 3~10 点/cm²、滚压	要求保证定心及配合特性的表面,如锥销与圆柱销的表面,与 0 级精度滚动轴承相配合的轴颈和外壳孔,中速转动的轴颈,外花键的定心内径,外花键键侧及定心外径,过盈配合 IT7 级的孔,间隙配合 IT8、IT9 级的孔,磨削的轮齿表面等
0.4	微辨加工痕迹的方向	铰、磨、镗、拉、刮 3~10 点/cm²、滚压	要求长期保持配合性质稳定的配合表面,如精度较高的轮齿表面,IT7 级的轴、孔配合表面,与橡胶密封件接触的轴表面等

表面粗糙度的表面结构图形符号如图 8-9 所示。

<table>
<tr><td>(a)允许任何工艺</td><td>(b)去除材料</td><td>(c)不去除材料</td></tr>
</table>

图 8-9 表面结构图形符号

表面粗糙度符号的画法如图 8-10 所示。表面粗糙度的注写位置参见图 8-11,图中字母含义如下:

(1)位置 a——注写表面结构的单一要求。

(2)位置 a 和 b——注写两个或多个表面结构要求。

(3)位置 c——注写加工方法。

(4)位置 d——注写表面纹理和方向。

(5)位置 e——注写加工余量(单位为 mm)。

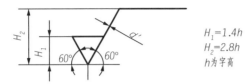

图 8-10　表面粗糙度符号的画法

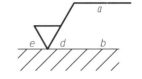

图 8-11　表面粗糙度的注写位置

常见的表面粗糙度代号的意义参见表 8-3。

表 8-3　表面粗糙度代号及意义

代　号	意　义
$\sqrt{Ra3.2}$	表示用任何工艺获得的表面粗糙度，Ra 的上限值为 3.2 μm
$\sqrt{Ra3.2}$	表示用去除材料的工艺获得的表面粗糙度，Ra 的上限值为 3.2 μm
$\sqrt{Rz3.2}$	表示用不去除材料的工艺获得的表面粗糙度，Rz 的上限值为 3.2 μm
$\sqrt{\begin{array}{c}Ra3.2\\Ra1.6\end{array}}$	表示用去除材料的工艺获得的表面粗糙度，Ra 的上限值为 3.2 μm，Ra 的下限值为 1.6 μm

　　零件图上所注的表面粗糙度是该表面加工后的要求。在同一图样上，每一表面一般只标注一次代号。表面粗糙度代号一般标注在可见轮廓线、尺寸界线、引出线或它们的延长线上。符号的尖端必须从材料外指向零件的加工表面。表面粗糙度代号中数字及符号的方向必须按图 8-12 的规定标注。当零件的大部分表面具有相同的表面粗糙度要求时，其中使用最多的一种表面粗糙度代号可以统一标注在图样的标题栏附近，如图 8-13 所示。

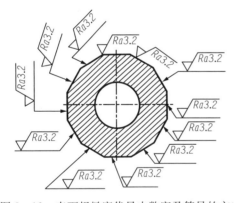

图 8-12　表面粗糙度代号中数字及符号的方向

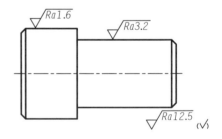

图 8-13　大部分表面具有相同的表面粗糙度

8.5.2　极限与配合

　　在一批同样的零件中，任取其中一个，都能不经附加修配而直接安装到机器上去，且能很好地满足使用要求的性质叫作互换性。互换性便于机器中零件的修理和调换。

　　1. 基本概念

　　(1) 公称尺寸——零件图上标注的尺寸，如图 8-14 中的 $\varnothing40$。

　　(2) 实际尺寸——通过测量获得的尺寸。

（3）极限尺寸——允许尺寸变化的两个极限值，其中较大的极限尺寸称为上极限尺寸，如图 8-14 中的∅39.991。较小的极限尺寸称为下极限尺寸，如图 8-14 中的∅39.975。

（4）极限偏差——分为上极限偏差和下极限偏差。国家标准规定，孔的上极限偏差用 ES 表示，下极限偏差用 EI 表示；轴的上极限偏差用 es 表示，下极限偏差用 ei 表示。如图 8-14 所示，上极限偏差为−0.009，下极限偏差为−0.025。

（5）尺寸公差——零件加工时尺寸的允许变动量。尺寸公差为上极限尺寸与下极限尺寸之差，也是上极限偏差与下极限偏差之差，如图 8-14 所示，尺寸公差为 0.016。

（6）公差带——代表上、下极限偏差的两条直线所限定的区域，如图 8-14 所示。

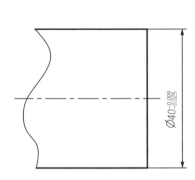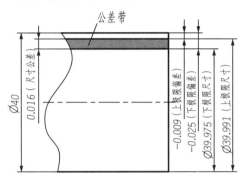

图 8-14　极限与配合的基本概念

2. 标准公差与基本偏差

标准公差是用以确定公差大小的任一公差。国家标准规定，标准公差分为 20 级，分别为 IT01、IT0、IT1～IT18。IT 是标准公差代号，数字表示公差等级。标准公差的数值与公差等级的大小和基本尺寸有关。标准公差等级一定，基本尺寸增大，则标准公差数值也增大，但仍认为具有相同的公差等级。

基本偏差是用以确定公差带相对于零线位置的上极限偏差或下极限偏差，一般为靠近零线的那个极限偏差。国家标准分别对孔和轴规定了 28 个基本偏差，孔的基本偏差代号用大写字母表示，轴的基本偏差代号用小写字母表示，参见图 8-15。

标准公差数值、优先配合轴公差带的极限偏差和优先配合孔公差带的极限偏差分别参见表 8-1～表 8-3。

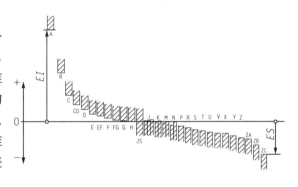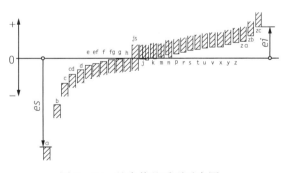

图 8-15　基本偏差系列示意图

表 8-1　公称尺寸至 3150 mm 的标准公差数值

公称尺寸/mm 大于	至	标准公差等级 IT01	IT0	IT1	IT2	IT3	IT4	IT5	IT6	IT7	IT8	IT9	IT10	IT11	IT12	IT13	IT14	IT15	IT16	IT17	IT18
		标准公差数值 μm													标准公差数值 mm						
—	3	0.3	0.5	0.8	1.2	2	3	4	6	10	14	25	40	60	0.10	0.14	0.25	0.40	0.65	1.0	1.4
3	6	0.4	0.6	1	1.5	2.5	4	5	8	12	18	30	48	75	0.12	0.18	0.30	0.48	0.75	1.2	1.8
6	10	0.4	0.6	1	1.5	2.5	4	6	9	15	22	36	58	90	0.15	0.22	0.36	0.58	0.9	1.5	2.2
10	18	0.5	0.8	1.2	2	3	5	8	11	18	27	43	70	110	0.18	0.27	0.43	0.70	1.1	1.8	2.7
18	30	0.6	1	1.5	2.5	4	6	9	13	21	33	52	84	130	0.21	0.33	0.52	0.84	1.3	2.1	3.3
30	50	0.6	1	1.5	2.5	4	7	11	16	25	39	62	100	160	0.25	0.39	0.62	1.00	1.6	2.5	3.9
50	80	0.8	1.2	2	3	5	8	13	19	30	46	74	120	190	0.30	0.46	0.74	1.20	1.9	3.0	4.6
80	120	1	1.5	2.5	4	6	10	15	22	35	54	87	140	220	0.35	0.54	0.87	1.40	2.2	3.5	5.4
120	180	1.2	2	3.5	5	8	12	18	25	40	63	100	160	250	0.40	0.63	1.00	1.60	2.5	4.0	6.3
180	250	2	3	4.5	7	10	14	20	29	46	72	115	185	290	0.46	0.72	1.15	1.85	2.9	4.6	7.2
250	315	2.5	4	6	8	12	16	23	32	52	81	130	210	320	0.52	0.81	1.30	2.1	3.2	5.2	8.1
315	400	3	5	7	9	13	18	25	36	57	89	140	230	360	0.57	0.89	1.40	2.3	3.6	5.7	8.9
400	500	4	6	8	10	15	20	27	40	63	97	155	250	400	0.63	0.97	1.55	2.5	4.0	6.3	9.7
500	630			9	11	16	22	30	44	70	110	175	280	440	0.70	1.10	1.75	2.8	4.4	7.0	11.0
630	800			10	13	18	25	35	50	80	125	200	320	500	0.80	1.25	2.00	3.2	5.0	8.0	12.0
800	1000			11	15	21	29	40	56	90	140	230	360	560	0.90	1.40	2.30	3.6	5.6	9.0	14.0
1000	1250			13	18	24	34	46	66	105	165	260	420	660	1.05	1.65	2.60	4.2	6.6	10.5	16.5
1250	1600			15	21	29	40	54	78	125	195	310	500	780	1.25	1.95	3.10	5.0	7.8	12.5	19.5
1600	2000			18	25	35	48	65	92	150	230	370	600	920	1.50	2.30	3.70	6.0	9.2	15.0	23.0
2000	2500			22	30	41	57	77	110	175	280	440	700	1100	1.75	2.80	4.40	7.0	11.0	17.0	28.0
2500	3150			26	36	50	68	96	135	210	330	540	860	1350	2.10	3.30	5.40	8.6	13.5	21.0	33.0

表 8-2　优先配合轴公差带的极限偏差　　　　　　　单位：μm

公称尺寸/mm 大于	至	c 11	d 9	f 7	g 6	h 6	h 7	h 9	h 11	k 6	n 6	p 6	s 6	u 6
	3	−60 −120	−20 −45	−6 −16	−2 −8	0 −6	0 −10	0 −25	0 −60	+6 0	+10 +4	+12 +6	+20 +14	+24 +18
3	6	−70 −145	−30 −60	−10 −22	−4 −12	0 −8	0 −12	0 −30	0 −75	+9 +1	+16 +8	+20 +12	+27 +19	+31 +23
6	10	−80 −170	−40 −76	−13 −28	−5 −14	0 −9	0 −15	0 −365	0 −90	+10 +1	+19 +10	+24 +15	+32 +23	+37 +28
10	14	−95 −205	−50 −93	−16 −34	−6 −17	0 −11	0 −18	0 −43	0 −110	+12 +1	+23 +12	+29 +18	+39 +28	+44 +33
14	18	−95 −205	−50 −93	−16 −34	−6 −17	0 −11	0 −18	0 −43	0 −110	+12 +1	+23 +12	+29 +18	+39 +28	+44 +33
18	24	−110 −240	−65 −117	−20 −41	−7 −20	0 −13	0 −21	0 −52	0 −130	+15 +2	+28 +15	+35 +22	+48 +35	+54 +41
24	30	−110 −240	−65 −117	−20 −41	−7 −20	0 −13	0 −21	0 −52	0 −130	+15 +2	+28 +15	+35 +22	+48 +35	+61 +43
30	40	−120 −280	−80 −142	−25 −50	−9 −25	0 −16	0 −25	0 −62	0 −160	+18 +2	+33 +17	+42 +26	+59 +43	+76 +60
40	50	−130 −290	−80 −142	−25 −50	−9 −25	0 −16	0 −25	0 −62	0 −160	+18 +2	+33 +17	+42 +26	+59 +43	+86 +70
50	65	−140 −330	−100 −174	−30 −60	−10 −29	0 −19	0 −30	0 −74	0 −190	+21 +2	+39 +20	+51 +32	+72 +53	+105 +87
65	80	−150 −340	−100 −174	−30 −60	−10 −29	0 −19	0 −30	0 −74	0 −190	+21 +2	+39 +20	+51 +32	+78 +59	+121 +102
80	100	−170 −390	−120 −207	−36 −71	−12 −34	0 −22	0 −35	0 −87	0 −220	+25 +3	+45 +23	+59 +37	+93 +71	+146 +124
100	120	−180 −400	−120 −207	−36 −71	−12 −34	0 −22	0 −35	0 −87	0 −220	+25 +3	+45 +23	+59 +37	+101 +79	+166 +144
120	140	−200 −450	−145 −245	−43 −83	−14 −39	0 −25	0 −40	0 −100	0 −250	+28 +3	+52 +27	+68 +43	+117 +92	+195 +170
140	160	−210 −460	−145 −245	−43 −83	−14 −39	0 −25	0 −40	0 −100	0 −250	+28 +3	+52 +27	+68 +43	+125 +100	+215 +190
160	180	−230 −480	−145 −245	−43 −83	−14 −39	0 −25	0 −40	0 −100	0 −250	+28 +3	+52 +27	+68 +43	+133 +108	+235 +210
180	200	−240 −530	−170 −285	−50 −96	−15 −44	0 −29	0 −46	0 −115	0 −290	+33 +4	+60 +31	+79 +50	+151 +122	+265 +236
200	225	−260 −550	−170 −285	−50 −96	−15 −44	0 −29	0 −46	0 −115	0 −290	+33 +4	+60 +31	+79 +50	+159 +130	+287 +258
225	250	−280 −570	−170 −285	−50 −96	−15 −44	0 −29	0 −46	0 −115	0 −290	+33 +4	+60 +31	+79 +50	+169 +140	+313 +284
250	280	−300 −620	−190 −320	−56 −108	−17 −49	0 −32	0 −52	0 −130	0 −320	+36 +4	+66 +34	+88 +56	+190 +158	+347 +315
280	315	−330 −650	−190 −320	−56 −108	−17 −49	0 −32	0 −52	0 −130	0 −320	+36 +4	+66 +34	+88 +56	+202 +170	+382 +350
315	355	−360 −720	−210 −350	−62 −119	−18 −54	0 −36	0 −57	0 −140	0 −360	+40 +4	+73 +37	+98 +62	+226 +190	+426 +390
355	400	−400 −760	−210 −350	−62 −119	−18 −54	0 −36	0 −57	0 −140	0 −360	+40 +4	+73 +37	+98 +62	+244 +208	+471 +435
400	450	−440 −840	−220 −385	−68 −131	−20 −60	0 −40	0 −63	0 −155	0 −400	+45 +5	+80 +40	+108 +68	+272 +232	+530 +490
450	500	−480 −880	−220 −385	−68 −131	−20 −60	0 −40	0 −63	0 −155	0 −400	+45 +5	+80 +40	+108 +68	+292 +252	+580 +540

表 8-3　优先配合孔公差带的极限偏差　　　　　　单位:μm

公称尺寸/mm 大于	至	C11	D9	F8	G7	H7	H8	H9	H11	K7	N7	P7	S7	U7
	3	+120 / +60	+45 / +20	+20 / +6	+12 / +2	+10 / 0	+14 / 0	+25 / 0	+60 / 0	0 / -10	-4 / -14	-6 / -16	-14 / -24	-18 / -28
3	6	+145 / +70	+60 / +30	+28 / +10	+16 / +4	+12 / 0	+18 / 0	+30 / 0	+75 / 0	+3 / -9	-4 / -16	-8 / -20	-15 / -27	-19 / -31
6	10	+170 / +80	+76 / +40	+35 / +13	+20 / +5	+15 / 0	+22 / 0	+36 / 0	+90 / 0	+5 / -10	-4 / -19	-9 / -24	-17 / -32	-22 / -37
10	14	+205 / +95	+93 / +50	+43 / +16	+24 / +6	+18 / 0	+27 / 0	+43 / 0	+110 / 0	+6 / -12	-5 / -23	-11 / -29	-21 / -39	-26 / -44
14	18	+205 / +95	+93 / +50	+43 / +16	+24 / +6	+18 / 0	+27 / 0	+43 / 0	+110 / 0	+6 / -12	-5 / -23	-11 / -29	-21 / -39	-26 / -44
18	24	+240 / +110	+117 / +65	+53 / +20	+28 / +7	+21 / 0	+33 / 0	+52 / 0	+130 / 0	+6 / -15	-7 / -28	-14 / -35	-27 / -48	-33 / -54
24	30	+240 / +110	+117 / +65	+53 / +20	+28 / +7	+21 / 0	+33 / 0	+52 / 0	+130 / 0	+6 / -15	-7 / -28	-14 / -35	-27 / -48	-40 / -61
30	40	+280 / +120	+142 / +80	+64 / +25	+34 / +9	+25 / 0	+39 / 0	+62 / 0	+160 / 0	+7 / -18	-8 / -33	-17 / -42	-34 / -59	-51 / -76
40	50	+290 / +130	+142 / +80	+64 / +25	+34 / +9	+25 / 0	+39 / 0	+62 / 0	+160 / 0	+7 / -18	-8 / -33	-17 / -42	-34 / -59	-61 / -86
50	65	+330 / +140	+174 / +100	+76 / +30	+40 / +10	+30 / 0	+46 / 0	+74 / 0	+190 / 0	+9 / -21	-9 / -39	-21 / -51	-42 / -72	-76 / -106
65	80	+340 / +150	+174 / +100	+76 / +30	+40 / +10	+30 / 0	+46 / 0	+74 / 0	+190 / 0	+9 / -21	-9 / -39	-21 / -51	-48 / -78	-91 / -121
80	100	+390 / +170	+207 / +120	+90 / +36	+47 / +12	+35 / 0	+54 / 0	+87 / 0	+220 / 0	+10 / -25	-10 / -45	-24 / -59	-58 / -93	-111 / -146
100	120	+400 / +180	+207 / +120	+90 / +36	+47 / +12	+35 / 0	+54 / 0	+87 / 0	+220 / 0	+10 / -25	-10 / -45	-24 / -59	-66 / -101	-131 / -166
120	140	+450 / +200	+245 / +145	+106 / +43	+54 / +14	+40 / 0	+63 / 0	+100 / 0	+250 / 0	+12 / -28	-12 / -52	-28 / -68	-77 / -117	-155 / -195
140	160	+460 / +210	+245 / +145	+106 / +43	+54 / +14	+40 / 0	+63 / 0	+100 / 0	+250 / 0	+12 / -28	-12 / -52	-28 / -68	-85 / -125	-175 / -215
160	180	+480 / +230	+245 / +145	+106 / +43	+54 / +14	+40 / 0	+63 / 0	+100 / 0	+250 / 0	+12 / -28	-12 / -52	-28 / -68	-93 / -133	-195 / -235
180	200	+530 / +240	+285 / +170	+122 / +50	+61 / +15	+46 / 0	+72 / 0	+115 / 0	+290 / 0	+13 / -33	-14 / -60	-33 / -79	-105 / -151	-219 / -265
200	225	+550 / +260	+285 / +170	+122 / +50	+61 / +15	+46 / 0	+72 / 0	+115 / 0	+290 / 0	+13 / -33	-14 / -60	-33 / -79	-113 / -159	-241 / -287
225	250	+570 / +280	+285 / +170	+122 / +50	+61 / +15	+46 / 0	+72 / 0	+115 / 0	+290 / 0	+13 / -33	-14 / -60	-33 / -79	-123 / -169	-267 / -313
250	280	+620 / +300	+320 / +190	+137 / +56	+69 / +17	+52 / 0	+81 / 0	+130 / 0	+320 / 0	+16 / -36	-14 / -66	-36 / -88	-138 / -190	-295 / -347
280	315	+650 / +330	+320 / +190	+137 / +56	+69 / +17	+52 / 0	+81 / 0	+130 / 0	+320 / 0	+16 / -36	-14 / -66	-36 / -88	-150 / -202	-330 / -382
315	355	+720 / +360	+350 / +210	+151 / +62	+75 / +18	+57 / 0	+89 / 0	+140 / 0	+360 / 0	+17 / -40	-16 / -73	-41 / -98	-169 / -226	-369 / -426
355	400	+760 / +400	+350 / +210	+151 / +62	+75 / +18	+57 / 0	+89 / 0	+140 / 0	+360 / 0	+17 / -40	-16 / -73	-41 / -98	-187 / -244	-414 / -471
400	450	+840 / +440	+385 / +230	+165 / +68	+83 / +20	+63 / 0	+97 / 0	+155 / 0	+400 / 0	+18 / -45	-17 / -80	-45 / -108	-209 / -272	-467 / -530
450	500	+880 / +480	+385 / +230	+165 / +68	+83 / +20	+63 / 0	+97 / 0	+155 / 0	+400 / 0	+18 / -45	-17 / -80	-45 / -108	-229 / -292	-517 / -580

3. 配合

公称尺寸相同,相互结合的孔和轴公差带之间的关系,称为配合。国家标准将配合分为三类:间隙配合、过盈配合和过渡配合。轴孔间具有间隙(含最小间隙等于零),配合时,实际孔径大于实际轴径的配合称为间隙配合;配合时,实际孔径小于实际轴径的配合,称为过盈配合,包括最小过盈量等于零的配合;配合时,实际孔径可能大于实际轴径,也可能小于实际轴径的配合称为过渡配合。三种配合如图 8-16 所示。

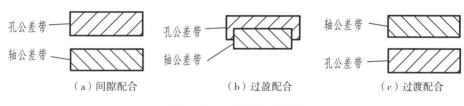

图 8-16 三种配合示意图

当公称尺寸确定后,孔和轴可以获得不同类型的配合。根据生产实际需要,国家标准规定了基孔制和基轴制两种制度。

孔的基本偏差保持不变,改变轴的基本偏差来获得各种不同配合的制度称为基孔制。孔为基准孔,基本偏差为 H,下偏差为 0。在基孔制配合中,当轴的基本偏差为 a~h 时,配合为间隙配合;当轴的基本偏差为 j~zc 时,配合为过盈配合或过渡配合。

轴的基本偏差保持不变,改变孔的基本偏差来获得各种不同配合的制度称为基轴制。轴为基准轴,基本偏差为 h,上偏差为 0。在基轴制配合中,当孔的基本偏差为 A~H 时,配合为间隙配合;当孔的基本偏差为 J~ZC 时,配合为过盈配合或过渡配合。

4. 极限与配合的标注

(1) 装配图中的标注

装配图中,配合代号由公称尺寸、孔的公差带代号和轴的公差带代号组成,用分数形式表示,分母为轴的公差带代号,分子为孔的公差带代号,标注样式参见图 8-17。当标注与标准件配合的零件(轴或孔)的配合要求时,可以仅标注该零件的公差带代号。

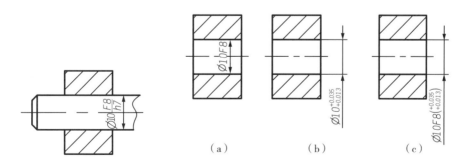

图 8-17 装配图中的标注   图 8-18 零件图中的标注

(2) 零件图中的标注

尺寸公差在零件图中有三种标注样式:第一种标注样式为采用公差带代号标注线性尺寸的公差,公差带代号应该标注在公称尺寸的右边,参见图 8-18(a)。第二种标注样式为采用极限偏差标注线性尺寸的公差,上极限偏差标注在公称尺寸的右上方,下极限偏差与公称尺寸标注在同一底线上,上极限偏差和下极限偏差的数字字号应比公称尺寸数字的字号小一号,参见图8-18(b)。第三种标注样式为同时标注公差带代号、上极限偏差和下极限偏差,其中极限偏差加括号,参见图8-18(c)。

当标注上极限偏差和下极限偏差时,它们的小数点必须对齐,小数点后右端的"0"一般不予注出,如果为了使上极限偏差和下极限偏差的小数点后的位数相同,可以用"0"补齐。当上极限偏差或下极限偏差为0时,用数字"0"标出,并与下极限偏差或上极限偏差的小数点前的个位数对齐。当公差带相对于公称尺寸对称配置,即上极限偏差和下极限偏差的绝对值相同时,偏差数字可以只注写一次,并应该在偏差数字与公称尺寸之间注出符号"±",而且两者数字高度相同。

8.5.3　几何公差

为了满足工程实际中的使用要求,零件的尺寸由尺寸公差加以限制,而零件表面的形状和表面间的相对位置则由表面形状和位置公差加以限制。形状误差是指实际形状对理想形状的变动量。形状公差是指实际要素的形状所允许的变动全量。位置误差是指实际位置对理想位置的变动量。位置公差是指实际要素的位置所允许的变动全量。国家标准规定的形位公差符号参见表8-4。

表8-4　形位公差符号

公差	特征项目	符号	公差	特征项目	符号
形状	直线度	—	位置	平行度	//
	平面度	▱	定向	垂直度	⊥
				倾斜度	∠
	圆度	○	定位	同轴(同心)度	◎
	圆柱度	⌭		对称度	=
				位置度	⊕
形状或位置	轮廓	线轮廓度	⌒	跳动	圆跳动 ↗
		面轮廓度	⌓		全跳动 ⌰

在图样上标注形位公差时,应该有公差框格、被测要素和基准要素,标注的形位公差代号和基准代号如图8-19所示。图8-20为轴类零件的形位公差标注示例,标注了圆跳动、圆柱度和对称度。

（a）形位公差代号　　　　　　（b）基准代号

图8-19　形位公差代号和基准代号

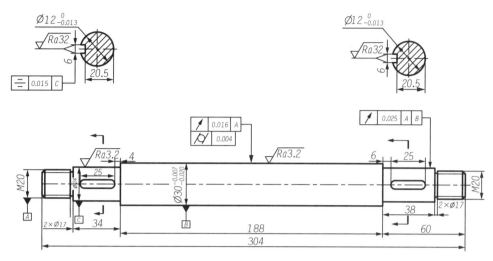

图 8 - 20　形位公差标注示例

8.6　零件上常见的工艺结构

8.6.1　铸造零件的工艺结构

　　零件在铸造成型过程中,为了将木模从砂型中取出,沿拔模方向做成 $3°\sim7°$ 的斜度,称为拔模斜度。拔模斜度在零件图上一般不必画出,如图 8 - 21 所示,必要时可以标注在技术要求中。铸造表面转角处应做成圆角,这样便于起模,又能防止浇注铁水时将砂型转角处冲坏,还可防止铸件冷却时产生裂纹或缩孔。零件图上一般应该画出铸造圆角,铸造圆角半径通常为 $R2\sim R5$,统一注写在技术要求中。

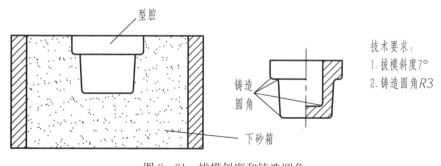

图 8 - 21　拔模斜度和铸造圆角

8.6.2　机械加工的常见工艺结构

　　1. 倒角和倒圆

　　为了去除零件表面的毛刺、锐边,且便于装配,在轴和孔的端部通常需要加工倒角,如图 8 - 22(a)所示。为了避免轴肩处的应力集中而产生裂纹,一般需要加工倒圆,如图 8 - 22(b)所示。

2. 凸台与凹坑

零件上与其他零件接触的表面都需要加工,为了保证零件表面与相邻零件接触良好,同时减少加工面积,常常需要设计凸台和凹坑结构,如图 8-23 所示。

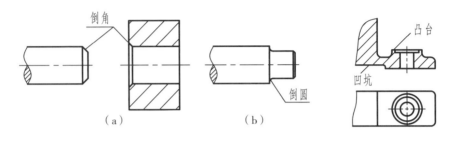

图 8-22 倒角与倒圆   图 8-23 凸台与凹坑

3. 退刀槽与砂轮越程槽

在切削加工时,为了避免因刀具退出切削损伤邻近表面,需要先加工退刀槽,如图 8-24(a)所示。为了使砂轮可以越过加工面,常常在待加工面的末端加工砂轮越程槽,如图 8-24(b)所示。

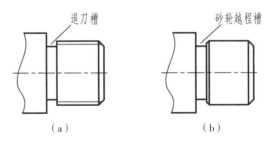

图 8-24 退刀槽与砂轮越程槽

4. 钻孔

用钻头钻盲孔时,由于钻头角接近 120°,因此盲孔底部应画成 120°锥角,如图 8-25(a)所示。钻阶梯孔时,在大孔终止处也应画成 120°锥角,如图 8-25(b)所示。

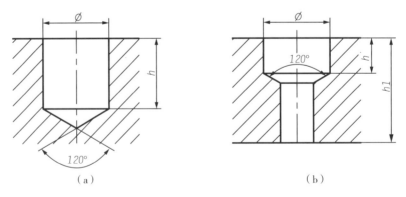

图 8-25 盲孔与阶梯孔

8.7　零件图的阅读

8.7.1　阅读零件图的基本方法

阅读零件图就是根据零件图想象出零件的形状,了解零件的尺寸和技术要求,以便指导生产和解决有关技术问题。工程技术人员必须具备阅读零件图的能力。阅读零件图大致可按概括了解和详细分析两个步骤进行。

1.概括了解

通过标题栏了解零件的名称、材料、比例等;通过零件名称可知该零件属于哪一类型,从而进一步了解该零件的主要结构。

2.详细分析

从以下四个方面逐步深入分析,最终想象出零件的形状,并了解零件的尺寸和技术要求:

(1)分析视图。通过分析视图,了解零件图的视图表达方案、各个视图的表达重点、采用的表达方法。

(2)想象零件的形状。运用形体分析和线面分析的方法,根据视图的投影规律,逐步分析清楚各组成部分的结构形状和相对位置。

(3)分析尺寸。需要确定长、宽、高三个方向的主要基准,进一步看懂各个部分的定形尺寸和定位尺寸,完全确定零件的形状和大小。

(4)阅读技术要求。了解零件制造、加工和验收的技术要求。

8.7.2　阅读零件图示例

以图 8-4 所示的壳体的零件图为例,按照前面所述阅读零件图的步骤来读图。

1.概括了解

零件名称为壳体。材料为 ZL102,由材料可知,该零件为铸造加工。比例为 1∶2。

2.详细分析

(1)分析视图。壳体采用主视图、俯视图、左视图和 C 向视图来表达其形状,主视图采用全剖视图,俯视图为两个平行的剖切面剖切壳体后的剖视图,左视图采用局部剖视图。

(2)想象零件的形状。结合四个视图进行读图,可以看出壳体由顶板、本体、左侧凸块、左侧肋板、底板和前方圆柱组成。顶板的形状需要将 C 向视图和尺寸相结合来阅读,本体的形状需要将主视图、俯视图、左视图以及尺寸相结合来阅读,左侧凸块需要将主视图、俯视图、左视图以及尺寸相结合来阅读,左侧肋板需要将主视图、左视图以及尺寸相结合来阅读,底板需要将主视图、左视图以及尺寸相结合来阅读,前方圆柱可以通过俯视图图形和尺寸相结合来阅读。对于内部结构,壳体内部有$\varnothing12$ 盲孔、$\varnothing30H7$ 通孔、M6 螺孔、$\varnothing48H7$ 台阶孔。壳体底板有 $4\times\varnothing16$ 锪平的 $4\times\varnothing7$ 安装孔。在壳体左侧有$\varnothing12$、$\varnothing8$ 台阶孔和 M6 螺孔。在壳体前部有$\varnothing20$、$\varnothing12$ 台阶孔。通过分析壳体其内形和外形,想象出整体形状,如图 8-26 所示。

图 8 - 26　壳体立体图

（3）分析尺寸。从图 8 - 4 和图 8 - 26 分析可知，长度基准是通过壳体本体轴线的侧平面，宽度基准是通过壳体本体轴线的正平面，高度基准是底面。从三个基准出发，可以看懂零件的定形尺寸、定位尺寸和总体尺寸，从而了解零件的大小。

（4）阅读技术要求。壳体表面粗糙度要求最高的表面是过壳体主轴的孔$\varnothing30H7$，这个孔与其他零件有配合关系，基本偏差是 H，标准公差为 IT7 级，与此对应的表面粗糙度要求也较高，Ra 为 6.3 μm。过壳体主轴的孔$\varnothing48H7$ 有配合要求，基本偏差是 H，标准公差为 IT7 级，表面粗糙度要求较低，Ra 为 12.5 μm，零件上不太重要的加工表面的表面粗糙度 Ra 为 25 μm，未注圆角为 $R1\sim R3$。

思 考 题

8 - 1　零件图包括哪些内容？

8 - 2　找出题 8 - 2 图中标注错误的表面粗糙度，并将正确的标注在右边图中。

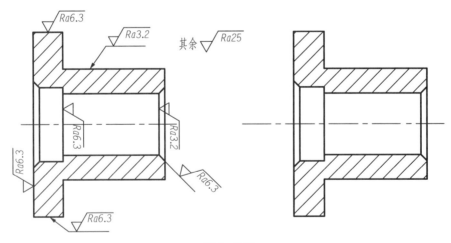

题 8 - 2 图

8 - 3　国家标准规定，标准公差有多少级？

8-4　题 8-4 图的尺寸 $\varnothing25\dfrac{\text{H8}}{\text{f7}}$ 中的 $\varnothing25$ 表示什么? 此图中孔和轴的公差等级各是多少? 此配合是基

孔制配合还是基轴制配合? 利用本章中的表, 分别查找 $\varnothing25\text{H8}$ 和 $\varnothing25\text{f7}$ 的上极限偏差和下极限偏差。

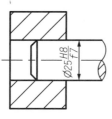

题 8-4 图

第9章 装配图

表达机器或部件的结构和零件间装配关系的图样称为装配图。装配图能够表达装配体的整体结构、工作状况、装配关系和技术要求。装配图是把零件装配成机器或部件的技术依据。使用者通过阅读装配图,能够了解机器性能、工作状况、安装尺寸等。因此,装配图是正确使用、维修、保养机器不可或缺的技术资料,也是技术交流的重要文件。

本章主要介绍装配图的内容、装配关系的表达方法、装配结构的合理性、装配图的尺寸标注、装配图的序号和明细栏、装配图的绘制以及装配图的阅读。

9.1 装配图的内容

一张装配图应包括如下内容:

(1)一组图形(如视图、剖视图、剖面图等),用以表达机器或部件的工作状况、整体结构、各零部件之间的装配连接关系及主要零件的结构形状。

(2)必要的尺寸,反映机器的性能、规格、零件之间的定位及配合要求、安装情况等必需的一些尺寸。

(3)标题栏、零件编号及明细栏,其中标题栏说明机器或部件的名称、规格、作图比例、图号,以及设计、审核人员等。按生产和管理的要求,按一定的方式和格式,将所有零件编号并列成表格形成明细栏,以说明各零件的名称、材料、数量、规格等内容。

(4)技术要求,用文字或代号说明机器或部件在装配和检验、使用等方面的技术要求。

9.2 装配关系的表达方法

前面章节介绍的各种表达方法也同样适用于装配图。除了这些表达方法,装配图还有一些规定画法和特殊画法。

9.2.1 规定画法

(1)两相邻零件的不接触表面用两条线表示,配合表面和接触表面用一条线表示。

(2)两相邻零件剖开后,剖面线的方向应相反;若两个以上零件相邻,则改变第三个零件的剖面线间隔。同一零件的剖面线在各个视图中的方向、间隔必须一致。参见图7-31。

(3)对于螺栓、螺柱、螺钉等紧固件和一些实心件(如轴、手柄、拉杆、连杆、球、钩子、键、销等),当按纵向剖切,且剖切平面通过其对称中心线或轴线时,这些零件均按不剖绘制。如需特别表明零件上的某些构造如凹槽、键槽、销孔等,则可用局部剖视图的形式表示,参见图7-31中的轴。

9.2.2 特殊画法

(1)拆卸画法:当需要表达的结构形状或装配关系在视图中被其他零件遮住时,可以把其他零件拆去后再画,也可选择沿零件结合面进行剖切绘制,需要说明时可标注"拆去××等",参见图9-1,左视图为拆去扳手13的半剖视图。

(2)假想画法:表达运动零件的极限位置,可将运动零件画在一个极限位置,用双点画线画出其另一个极限位置;也可用双点画线表示相邻零件的轮廓,参见图9-1的俯视图。

(3)零件的单独表示法:当个别零件的某些结构和装配关系在装配图中还没有表示清楚而又需要表示时,可用视图、剖视图、剖面图等单独表达某个零件的结构形状,但必须在所画视图的上方注出该零件的视图名称,在相应视图的附近用箭头指明投影方向,并注上相同的字母。如图9-2所示的螺旋千斤顶中,件4的C向视图单独表达了其未表达清楚的结构,件3的B—B断面图单独表达了其未表达清楚的结构。

(4)夸大画法:对一些按实际尺寸难以表达清楚的结构,如薄垫片、小间隙、小锥度等,允许将该部分不按原比例绘制,而采用夸大的画法。

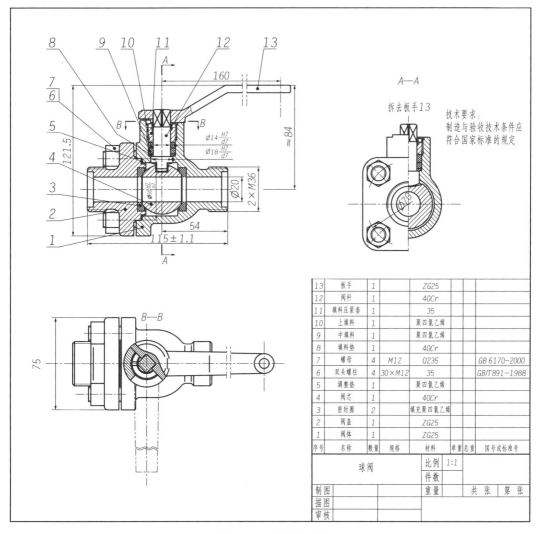

图9-1　球阀装配图

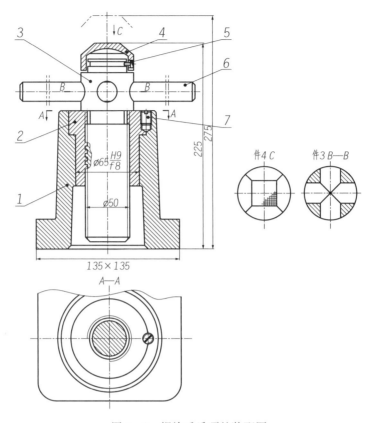

图 9-2　螺旋千斤顶的装配图

9.2.3　简化画法

（1）对装配图中的螺栓连接等相同零件组，可详细画出一组或几组，其余只画中心线，以表示装配位置。

（2）零件的工艺结构如圆角、倒角、退刀槽等均可省略不画。

（3）表示滚动轴承等标准件，允许用特征画法表示，参见表 7-3。

（4）在装配图中，当剖切平面通过的某些部件为标准产品或该部件已由其他图形表达清楚时，可按不剖绘制，只画出外形，如油杯等。

9.3　装配结构的合理性

为了使机器能够正常装配工作，一定要考虑装配结构的合理性。本节介绍一些常见的装配工艺结构。

（1）两零件接触时，在同一方向上应只有一对接触面，这样既能保证零件接触良好，又降低了加工要求，如图 9-3 所示。当两个锥面配合时，不允许同时再有任何面接触，以保证锥面接触良好，图 9-4 所示。

（2）轴与孔的端面相接触时，孔边要倒角或轴边要切槽，以保证端面紧密接触，如图 9-5 所示。

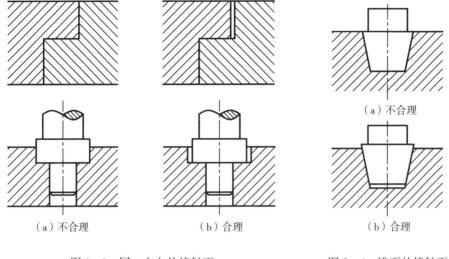

图 9-3 同一方向的接触面　　　　图 9-4 锥面的接触面

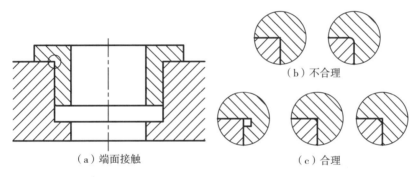

图 9-5 轴与孔配合

（3）考虑装拆的可行性和方便性，例如在安装螺钉或螺栓时，应留有装入零件以及使用扳手所需的空间，如图 9-6 所示。

（4）当装配中采用填料防漏装置时，不能将填料画在压紧的位置，而应画在开始压紧的位置，表示填料充满的程度，如图 9-7 所示。

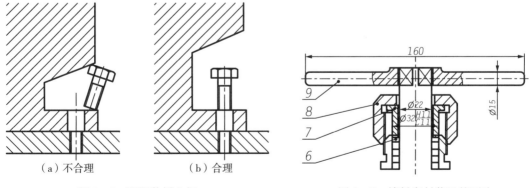

图 9-6 预留装拆空间　　　　　图 9-7 填料密封装置的画法

9.4 装配图的尺寸标注

装配图主要用来表达零部件的装配关系,其尺寸标注与零件图不同。装配图不必标注各个零件的全部尺寸,一般需要标注规格(性能)尺寸、装配尺寸、安装尺寸、外形尺寸和其他重要尺寸。

(1) 规格(性能)尺寸——表示部件的规格(性能)的尺寸。它是设计部件的主要依据,也是用户选用的依据,图9-1中的"∅20"即为规格尺寸,表达阀体的流道大小。

(2) 装配尺寸——装配尺寸有两种,一种是表示零件间有配合要求的尺寸,这种尺寸不仅要标注基本尺寸,还要标注公差配合的代号,以表明配合后应达到的配合性质和精度等级,如图9-1中的"$\varnothing18\dfrac{H7}{d7}$";另一种是装配时需要现场加工的尺寸(如定位销配钻等)或表示装配时需要保证的相对位置尺寸。

(3) 安装尺寸——将机器或部件安装到其他设备或基础上固定该装配体所需的尺寸,如图9-1中的"54""M12""∅70",以保证安装的准确。

(4) 外形尺寸——指部件的总长、总高和总宽。如图9-1中的"115±1.1""75""121.5"。

(5) 其他重要尺寸——不属于上述四种尺寸,但设计或装配时需要保证的重要尺寸。

每张装配图上不一定全都具有这五种尺寸,有时一个尺寸同时具有几种意义。

9.5 装配图的序号和明细栏

为了方便读图和进行装配,需要在装配图上对每个零件进行编号,并在明细栏上填写与图中编号一致的零件信息。

9.5.1 零部件的序号和编写方法

编写装配图中零部件序号时,应遵守相关国家标准。

(1) 装配图中所有的零部件均应编号。

(2) 装配图中一个部件可以只编写一个序号;同一装配图中相同的零部件用一个序号,一般只标注一次;多处出现的相同的零部件,必要时也可重复标注。序号的字高应比尺寸数字的大一号或两号。

(3) 装配图中零部件的序号应与明细栏中的序号一致。

(4) 指引线应从可见轮廓线内引出,并在末端加一小圆点。对于很薄的零件或涂黑的剖面,其内部不方便画圆点,可在指引线末端画出箭头,并指向该部分的轮廓。如图9-8所示。

(5) 指引线相互不能相交;它通过剖面区域时,不应与剖面线平行;必要时可以画成折线,但只允许折一次,如图9-9所示。

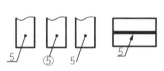

图9-8 序号的编写方法

图9-9 指引线只折一次

（6）对于一组紧固件或装配关系清楚的零件组,可采用公共指引线,如图 9-10 所示。

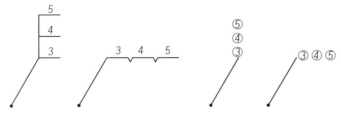

图 9-10　公共指引线

（7）零件序号应按顺时针(或逆时针)方向顺次排列在水平或垂直方向上,并尽可能均匀分布。当无法连续时,可只在每个水平或垂直方向上顺序排列。

9.5.2　明细栏的编制方法

明细栏是机器或部件中全部零件的详细目录,明细栏包括全部零件的序号、名称、数量、规格、材料等内容。明细栏中的序号应该与装配图中的序号对应。明细栏在标题栏上方,如果位置不够,可以写在标题栏左方。明细栏的左边为粗实线,上方是开口的,即上端的框线应画成细实线,便于再予补编。

国家标准对标题栏和明细栏的格式做了统一规定。学生制图作业中可以采用如图 9-11 所示的简化标题栏和明细栏进行编制。

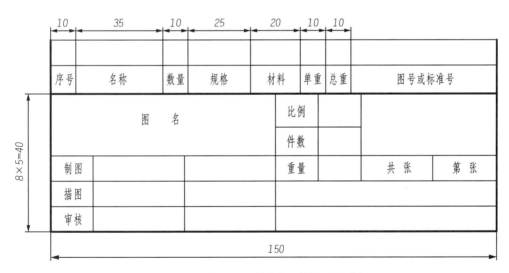

图 9-11　装配图的简化标题栏和明细栏

9.5.3　技术要求

装配图中,除了用规定的代号表示技术要求外,有些技术要求需用文字才能表达清楚。技术要求一般写在图纸的右下角或其他空白处。装配图上一般注写如下几方面的技术要求:

（1）装配后的密封、润滑等要求;

（2）有关性能、安装、调试、使用、维修等方面的要求;

（3）有关试验或检验方法的要求。

9.6　装配图的绘制

在绘制装配图前,需要对装配体进行分析。装配图中的主视图一般应该能清楚地表示零部件间的装配关系,通常将装配体的工作位置作为主视图方向。

在绘制装配图时,一般按照如下步骤进行绘制:

(1) 根据装配体估算图幅,布置好视图。根据装配体的总体尺寸和所选视图的数量,确定图形比例,计算图面的大小,要注意将标注尺寸、零件序号、标题栏和明细表等所需的面积计算在内,最好在画出图框和标题栏以后,再行布图。

(2) 画出主要的中心线和画图基准线。

(3) 画出部件的主要结构。从主要装配干线画起,逐次向外扩展,一般先画轴,再画轴上的其他零件,然后画支承件以及与支承件有关的零件等。也可以先画大的箱体类零件,再画箱体内的主要零件。

(4) 画出部件的次要结构。

(5) 检查校核。

(6) 标注尺寸和配合公差,编写零件序号,填写明细栏、标题栏、技术要求。

(7) 检查无误后,描深、完成全图。

下面以平口钳为例,介绍其装配图的绘制过程。平口钳由固定钳体、活动钳体、丝杠等零件组成。螺母与活动钳体通过螺钉连成一体,螺母下方凸出的台阶与固定钳体接触。钳口板通过螺钉固定在固定钳体和活动钳体上。当丝杠转动时,螺母做直线运动。平口钳的装配图绘制过程如下:

(1) 根据平口钳的总体尺寸,估算图幅,确定作图比例。绘制主要中心线和画图基准线,参见图9-12(a)。这里选择固定钳体底面投影作为画图基准线。

(2) 绘制平口钳的主要零件,即固定钳体和活动钳体的三视图,参见图9-12(b)(c)。

(3) 绘制平口钳的其余零件,参见图9-12(d)。

(4) 检查图形,绘制剖面线,并描深图线,参见图9-12(e)。

(5) 标注尺寸,参见图9-12(f)。

(6) 编写并标注零件序号,参见图9-12(g)。

(7) 完成明细栏,参见图9-12(h)。

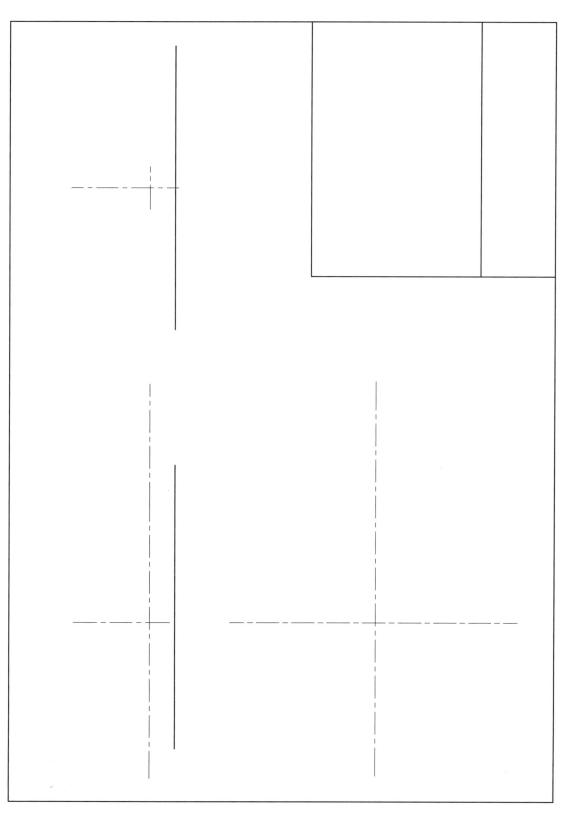

（a）绘制主要中心线和画图基准线

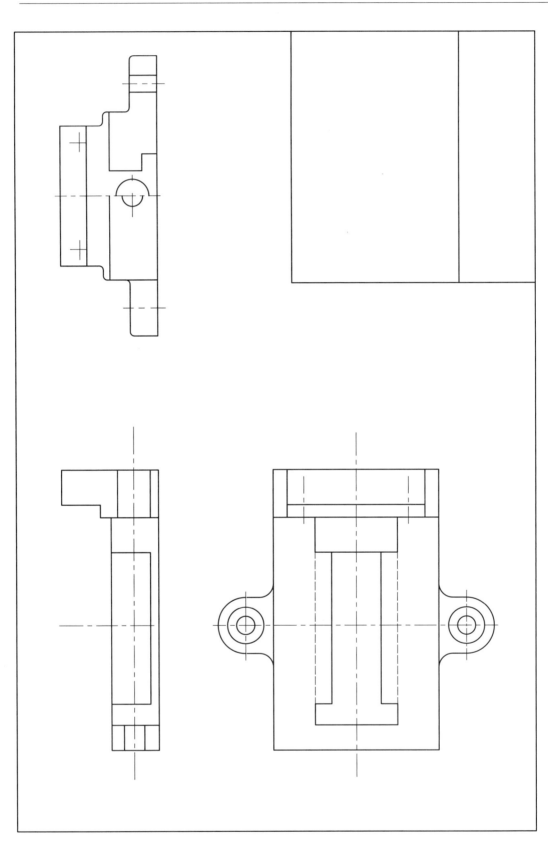

（b）绘制固定钳体的三视图

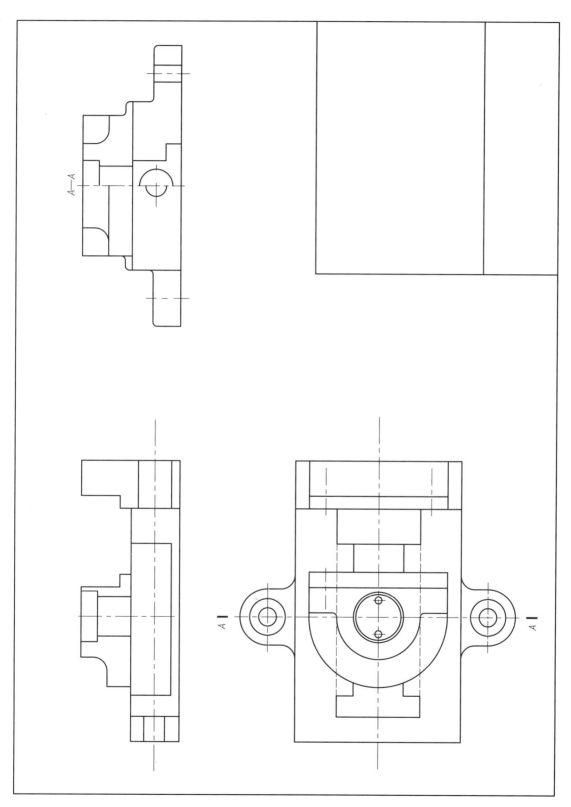

（c）　绘制活动钳体的三视图

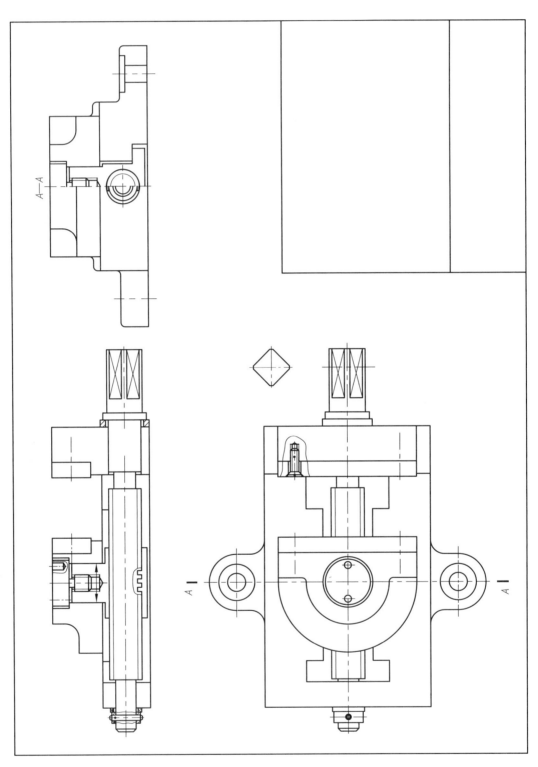

（d）绘制其余零件

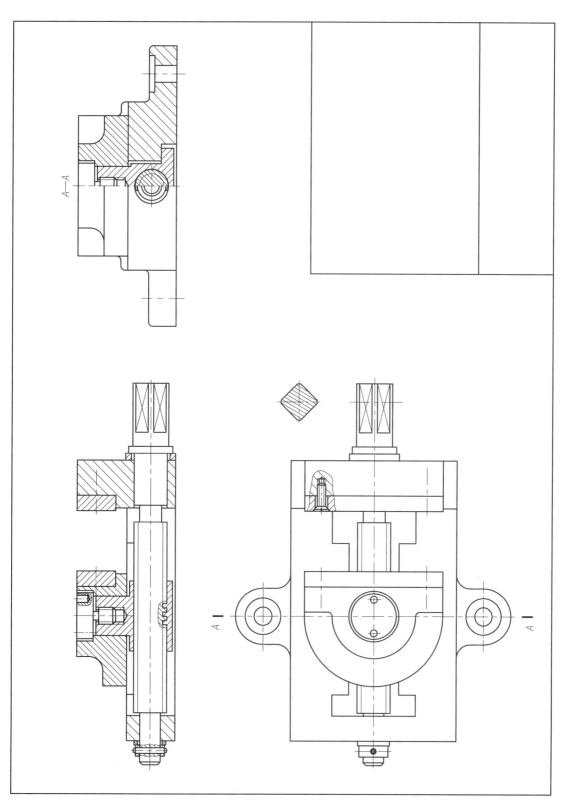

（e）绘制剖面线

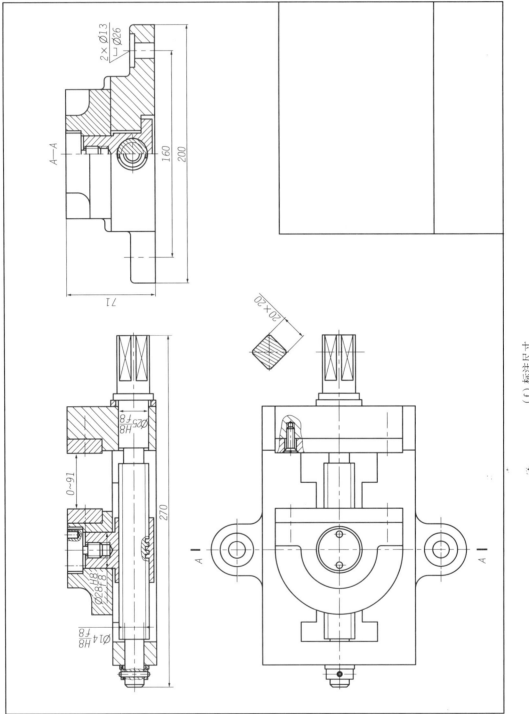

（f）标注尺寸

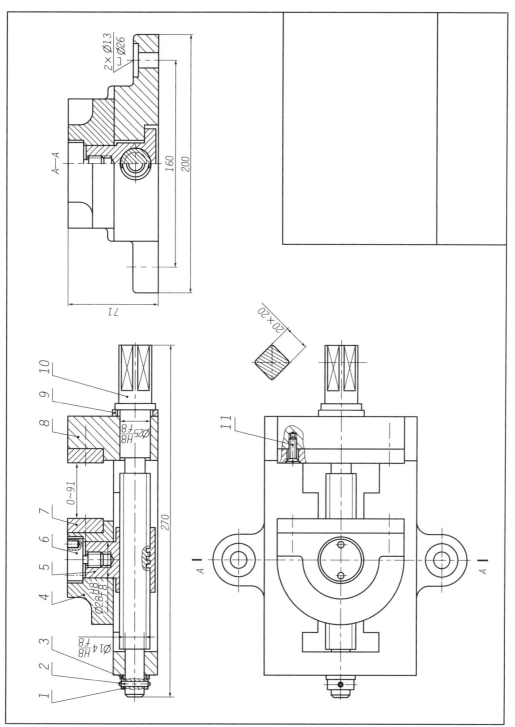

（g）编写并标注零件序号

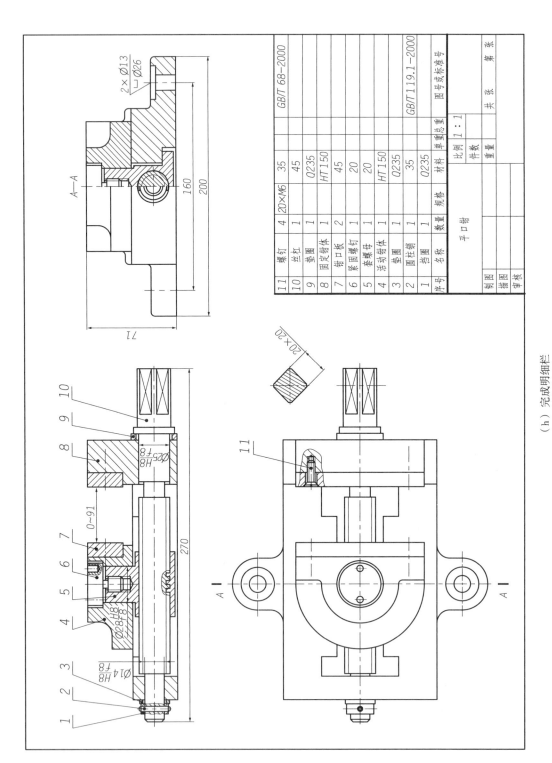

序号	名称	数量	材料	图号或标准号
11	螺钉	4	20×M6	GB/T 68—2000
10	丝杠	1	35	
9	垫圈	1	45	
8	固定钳体	1	Q235	
7	钳口板	2	HT150	
6	紧固螺钉	1	45	
5	套筒螺母	1	20	
4	活动钳体	1	20	
3	垫圈	1	HT150	
2	圆柱销	1	35	GB/T 119.1—2000
1	挡圈	1	Q235	

平口钳

比例 1：1　件数　　重量　　共　张　第　张
单重　总重
制图
描图
审核

（h）平口钳的装配图绘制过程

图 9-12

9.7　装配图的阅读

在阅读装配图时,应明确机器或部件的作用、工作原理、工作状况和结构特点,弄清零件之间的装配连接关系(如螺纹连接,键、销连接等)和零件的拆装顺序,了解零件的功用,想象出主要零件(非标准零件)的结构形状并画出零件图。

装配图的阅读可以分为了解概况、详细分析和拆画零件图三个步骤,以图 9 - 1 所示球阀为例进行说明。

1. 了解概况

通过装配图明细栏可以查看序号及零件明细表,了解球阀共由多少种或多少个零件组成,也可以查看该装配体中标准件的名称和数量。通过查看总体尺寸,可以了解整个装配体的大小。

2. 详细分析

(1) 分析视图表达方案。球阀主视图采用全剖视图,可以反映主要零件之间的装配关系;俯视图采用 B—B 剖视图,能够反映扳手不同状态时的位置;左视图采用拆卸画法,补充了主视图中未表达清楚的结构。

(2) 分析工作原理和工作状况。阀是管路系统中开启、关闭和调节流量的部件。通过装配图可以了解该装配体的工作原理。当转动扳手处于图 9 - 1 所示位置时,阀门处于开启状态,当扳手处于俯视图中双点画线位置时,阀门处于关闭状态。

(3) 分析零件间的装配连接关系。从装配图可以看出,阀体(件 1)和阀盖(件 2)采用双头螺柱连接,调整垫(件 5)调节阀芯(件 4)与密封圈(件 3)之间的松紧程度。阀杆(件 12)与阀芯(件 4)上面凹槽配合。在阀体(件 1)和阀杆(件 12)之间加进填料垫(件 8)、中填料(件 9)和上填料(件 10),再旋入填料压紧套(件 11),以达到密封的目的。通过查看配合尺寸及配合公差,也可以分析零件间的装配关系。

(4) 想象零件的结构形状。结合三个视图以及尺寸,可以想象出各个零件的结构形状。通常先看主要零件,再看次要零件。通过视图间的投影关系进行读图,读图方法在前面章节已经介绍,这里不再赘述。

3. 拆画零件图

由装配图拆画零件图的主要步骤有如下几点:

(1) 分离零件,通过零件序号找到零件位置,然后根据投影关系以及剖面线将该零件与其他零件区别开。

(2) 选择表达方法,根据零件特点确定视图表达方案,不能简单照抄装配图。

(3) 画出该零件的投影轮廓。

(4) 补上装配图中被遮住的投影轮廓。根据相邻零件的连接关系,补出螺纹、螺孔、键槽等结构的形状。两零件结合面的形状一般具有一致性。

(5) 补画出零件的工艺结构(倒角、铸造圆角等)。

以图 9 - 1 中的阀体(件 1)为例,从装配图中拆画阀体的零件图时,应先根据剖面线以及各个视图间的投影关系,将阀体从装配体中分离出来,如图 9 - 13(a)所示;再补上被遮住的投影轮廓,补全螺纹等,如图 9 - 13(b)所示;最后检查阀体和其他配合零件的结合面的形状是否具有一致性。

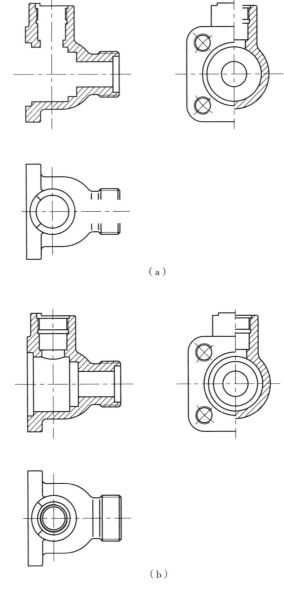

（a）

（b）

图 9-13　拆画阀体

思 考 题

9-1　装配图的内容包括哪些?

9-2　装配图的特殊画法包括哪些?

9-3　装配图的尺寸包括哪几类? 与零件图的尺寸有什么区别?

9-4　在绘制装配图时,相邻零件的剖面线应该如何绘制?

第**10**章 计算机二维绘图

AutoCAD 是由 Autodesk 公司开发的 CAD(计算机辅助设计)软件。它的绘图、尺寸标注、输出与打印等功能都非常强大,目前广泛应用于机械、建筑、电子、化工等多个领域。在学习了工程制图的理论知识后,有必要继续学习和掌握计算机二维绘图的方法。本章以AutoCAD 2022 版为软件平台,简要介绍计算机二维绘图的方法。

10.1 软件简介

启动 AutoCAD 程序后,可以看到图 10-1 所示的"开始"
选项卡,单击"新建"可以开始绘制新图形,单击"打开"可以打
开目前已有的图形文件。

图 10-1 AutoCAD"开始"
选项卡

10.1.1 用户界面

AutoCAD 的用户界面包括功能区、选项卡、面板、图形选
项卡、绘图窗口、模型与布局选项卡、命令窗口、状态栏等几个
部分,如图 10-2 所示。界面的顶部包含标准选项卡式功能
区,可以从常用选项卡访问"新建""打开""保存""另存""打印"
等命令,对于初学者,当鼠标移到这些图标附近时,会出现相应
的提示。功能区由一系列选项卡组成,这些选项卡被组织到面板上,其中包含很多工具栏中
可用的工具和控件。"绘图"面板主要包括直线、圆等绘图命令,"修改"面板主要包括移动、
旋转、复制、删除、阵列、镜像等操作。图形选项卡位于绘图窗口正上方,可以通过单击各个

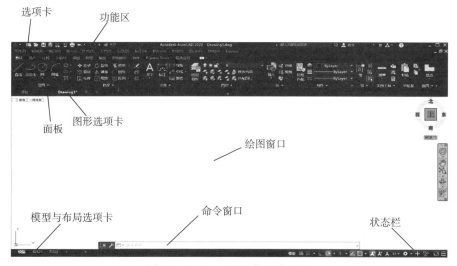

图 10-2 AutoCAD 的用户界面

选项卡,在多个打开的图形文件和"开始"选项卡之间切换。关闭任何图形均可以单击其选项卡上的⊠控件。绘图窗口主要是绘制图形和编辑图形的区域,在绘图区有坐标系图标,可以看到 X 轴和 Y 轴的方位。命令窗口是输入命令和参数的区域,通过查看命令窗口,可以看到操作历史。状态栏可对某些最常用的绘图工具进行快速访问,其中包括栅格、正交、捕捉、极轴追踪和对象捕捉等。默认情况下,不会显示所有工具,可以通过状态栏上最右侧的按钮,选择从"自定义"菜单中增加想要显示的工具,如线宽等。

单击图 10-3 中箭头所指的自定义快速访问工具栏,可以显示菜单栏,如图 10-4 所示,菜单部分包括"文件""编辑""视图""插入""格式""工具""绘图""标注""修改""参数""窗口""帮助"等子菜单。单击"文件"菜单下的"新建"子菜单,软件会出现"选择样板"对话框,可以在模板目录下选择合适的模板文件,也可以新建英制单位的空白文件和公制单位的空白文件,如图 10-5 所示。新建文件后即可进行图形的绘制和编辑。通过文件菜单下的"保存"子菜单保存文件。文件的打开、保存以及另存为的方法与 Windows 的一般操作相同。

图 10-3　选择自定义快速访问工具栏

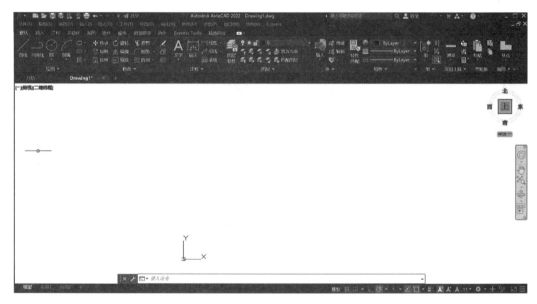

图 10-4　显示菜单栏的用户界面

10.1.2　命令调用

AutoCAD 有三种命令调用方式,第一种通过单击绘图按钮来实现,第二种通过下拉菜单来实现,第三种通过在命令行输入命令来实现。下面以直线命令为例,通过这三种命令方式来执行直线命令。图 10-6(a)为单击"直线"按钮执行命令,图 10-6(b)为通过"绘图"菜单下面的"直线"选项执行命令,图 10-6(c)为通过命令窗口输入命令"line"来实现。

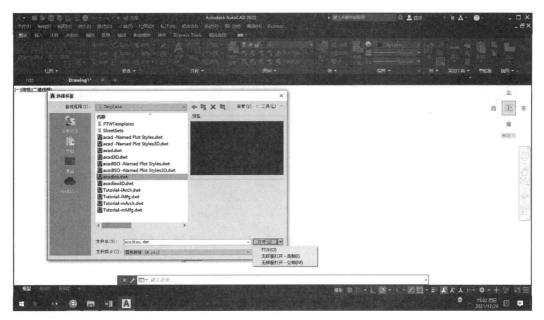

图 10 - 5　通过菜单新建文件

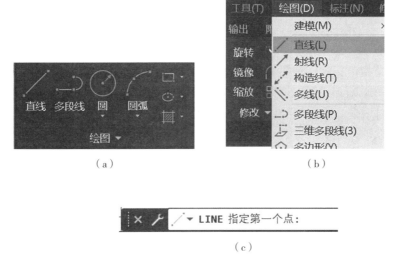

（a）　　　　　　　　　　　　　　　　　　　　（b）

图 10 - 6　命令的三种输入方式

10.1.3　对象捕捉

通过 AutoCAD 软件进行绘图时,常常需要准确得到某些位置的点,而对象捕捉功能就能满足这个需求。"对象捕捉"按钮在状态栏上,可以通过单击该按钮或按 F3 键打开或关闭对象捕捉功能。在"对象捕捉"按钮处,单击右键,弹出如图 10 - 7(a)所示对话框,可以看到捕捉的点类型包括端点、中点、圆心、几何中心、节点、象限点、交点、垂足、切点等。单击对象捕捉设置,弹出如图 10 - 7(b)所示对话框,可以勾选想要捕捉的对象的类型。通过对象捕捉,可以在现有对象中精确地捕捉到特定对象。

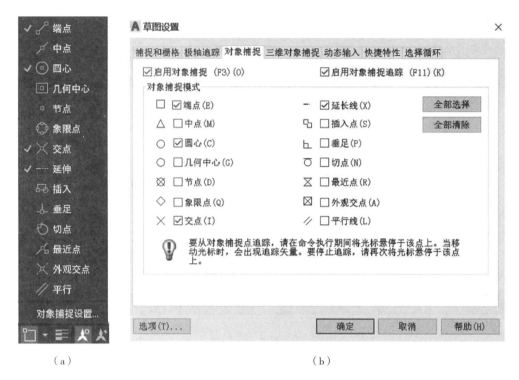

(a)　　　　　　　　　　　　　　　　　　(b)

图 10 - 7　对象捕捉

10.1.4　极轴追踪

极轴追踪是指沿指定的极轴角度跟踪光标。"极轴追踪"按钮在状态栏上,可以通过单击该按钮或按 F10 键打开或关闭极轴追踪功能。在"极轴追踪"按钮处,单击右键,弹出如图 10 - 8(a)所示对话框。单击"正在追踪设置",弹出如图 10 - 8(b)所示对话框,可以在增量角中输入想要追踪的角度。

(a)　　　　　　　　　　　　　　　　　　(b)

图 10 - 8　极轴追踪

10.2　图　层

AutoCAD 软件的图层可以放置不同对象,每一层均可以设置颜色、线型和线宽。对于零件图和装配图,需要将不同线型放置在不同图层上,这样便于图形的编辑、显示和打印。

扫描二维码,
观看演示

可以通过图层特性管理器建立图层和修改已有图层。如图 10-9 所示,单击新建图层图标，建立针对不同线型的图层,可以设置该层的颜色、线宽及线型。当需要设置某一个图层为当前图层时,可以单击右键,置为"当前"。也可以选中图层,通过"删除图层"命令来删除图层,也可以通过键盘上的 Delete 键来删除图层。在图层管理器中单击图标，颜色改变,则该图层关闭。再次单击，变为黄色,则该图层打开。在冻结栏单击图标，变成，图层就被冻结,此图层上的所有对象不会在绘图窗口中显示,也不会被打印输出。再次单击该图标,图标变回，表示图层解冻。单击图标，变成，就锁定了图层,该层对象可见,但是不能进行编辑。需要编辑该层对象时,单击图标,让其变为即可。

在设置图层的线型时,粗实线、剖面线、细实线、尺寸线选择 Continuous,虚线选择 HIDDEN2,点画线(中心线)选择 CENTER2,双点画线选择 PHANTOM2 比较合适。

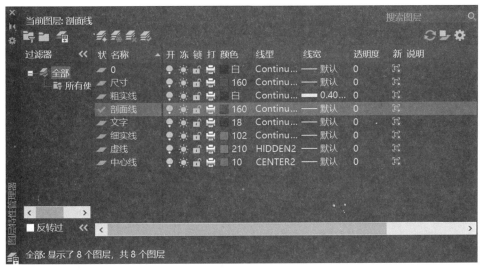

图 10-9　图层特性管理器

10.3　图形绘制

在 AutoCAD 软件中,图形绘制可以通过在命令行输入命令、在菜单中选择相应的菜单项、在工具栏中选择相应的图标按钮三种方式来完成。利用在工具栏中选择相应图标按钮的方式时,首先选择工具菜单下的工具栏子菜单,选择 AutoCAD 子菜单,然后选择相应的工具栏,这里选择绘图工具栏,如图 10-10 所示,弹出如图 10-11 所示的绘图工具栏。也可以用同样的方法选择标注、样式、修改等工具栏。这里主要介绍绘制直线和平面图形、圆、圆弧、正多边形、矩形、样条曲线、椭圆等的命令。

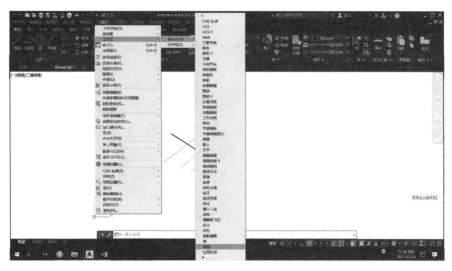

图 10 - 10　调用 AutoCAD 工具栏

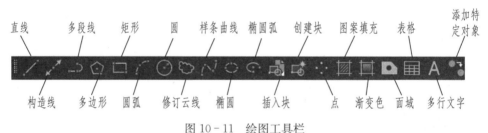

图 10 - 11　绘图工具栏

10.3.1　绘制直线和平面图形

绘制直线时，可以采用绝对坐标绘制和相对坐标绘制两种方式。以下采用两种方式相结合的方式来绘制如图 10 - 12 所示的平面图形。

（1）用绝对坐标绘制长度为 30 mm 的水平直线。

命令：line

指定第一点：3,3

指定下一点或[放弃(U)]：33,3

（2）用相对坐标绘制其他直线。

指定下一点或[放弃(U)]：@30<135

指定下一点或[放弃(U)]：@-8.79,0

通过对象捕捉，捕捉到图形的起点。

10.3.2　绘制圆

绘制圆时，可以通过在绘图工具栏或绘图菜单上找到圆的命令进行绘制。圆的绘制方法有以下六种：

扫描二维码，
观看演示

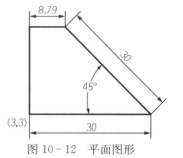

图 10 - 12　平面图形

（1）通过圆心和半径画圆。首先需要指定圆的圆心，然后给出半径参数绘制圆。

（2）通过圆心和直径画圆。首先需要指定圆的圆心，然后在命令行选择"直径"，再给出直径参数绘制圆。

（3）通过两点画圆。指定直径的第一个端点，然后指定直径的第二个端点绘制圆。

（4）通过三点画圆。指定圆上的第一个点、第二个点和第三个点绘制圆。

（5）切点、切点、半径画圆。指定对象与圆的第一个切点，再选对象与圆的第二个切点，最后输入半径绘制圆。

（6）切点、切点、切点画圆。选中三个要相切的对象绘制圆。

扫描二维码，
观看演示

10.3.3　绘制圆弧

绘制圆弧时，有以下几种方法：（1）三点作圆弧；（2）起点、圆心、端点作圆弧；（3）起点、圆心、角度作圆弧；（4）起点、圆心、长度作圆弧；（5）起点、端点、角度作圆弧；（6）起点、端点、方向作圆弧；（7）起点、端点、半径作圆弧；（8）圆心、起点、端点作圆弧；（9）圆心、起点、角度作圆弧。绘制圆弧时，可以按住 Ctrl 键切换圆弧的方向。

10.3.4　绘制正多边形

绘制正多边形时，需要先输入多边形的边数，再指定正多边形的中心点，然后选择内接于圆或外切于圆，绘制正多边形。

如图 10 - 13 所示，圆的直径为∅40，选择内接于圆绘制的正多边形为圆内部的多边形，选择外切于圆绘制的正多边形为圆外部的多边形。通过此图可以清楚地对比圆内接正多边形和圆外切正多边形的区别。

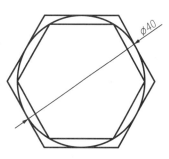

图 10 - 13　正多边形

10.3.5　绘制矩形

绘制矩形时，可以通过指定矩形的第一个角点和第二个角点来绘制，也可以通过选择倒角、标高、圆角、厚度、宽度等参数进行绘制。

10.3.6　绘制样条曲线

绘制样条曲线时，可以依序指定多个点生成样条曲线，也可以对创建样条曲线的方式进行选择。这个命令常用来绘制波浪线。

扫描二维码，
观看演示

10.3.7　绘制椭圆

绘制椭圆时，可以首先选择第一条轴的两个端点，然后指定另一条半轴长度来绘制，也可以通过椭圆中心点绘制。

10.4　图形编辑

在 AutoCAD 软件中，图形的编辑可以通过在命令窗口中输入命令、通过菜单选择相应的菜单项、选择编辑工具栏中相应的图标按钮等方式来完成。编辑工具栏如图 10 - 14 所示。本节主要介绍常用的编辑命令。

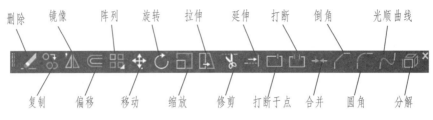

图 10 - 14　AutoCAD 的图形编辑工具栏

10.4.1　删除命令

图 10 - 14 中的 ∠ 为删除命令,可以将选中的对象进行删除。也可以先选中要删除的对象,然后按键盘上的 Delete 键进行删除。

10.4.2　复制命令

图 10 - 14 中的 ⬚ 为复制命令,可以在选中对象后进行复制。以图 10 - 15 为例,首先单击左键选中要复制的对象,然后单击右键,再指定基点(选择圆的圆心为基点),接着指定第二点(选定直线的右端点为第二点),这样就复制了选中的对象圆。也可以在选中对象后,通过 Ctrl+C 复制选中对象。

10.4.3　镜像命令

图 10 - 14 中的 ⚠ 为镜像命令,可以在选中对象后进行镜像。以图 10 - 16 为例,首先单击左键选中要镜像的平面图形,然后单击右键,再选择镜像线上的两个点,接着选择是否删除源对象。如果要删除源对象,那么左边的原始图形就被删除,只保留右边镜像后的图形;如果不删除源对象,那么左边的原始图形和右边镜像后的图形都保留。这样就镜像了选中的对象。

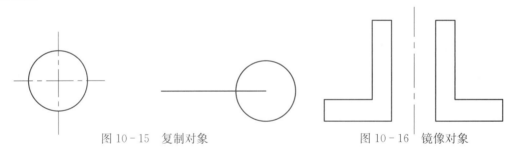

图 10 - 15　复制对象　　　　　　　　　　图 10 - 16　镜像对象

10.4.4　偏移命令

图 10 - 14 中的 ⊏ 为偏移命令,首先单击偏移命令,输入偏移距离,然后选中要偏移的对象,在要偏移那一侧单击左键,就完成了偏移,如图 10 - 17 所示。

10.4.5　阵列命令

图 10 - 14 中的 ⊞ 为阵列命令,阵列包括矩形阵列、环形阵列和路径阵列。以矩形阵列为例,在单击矩形阵列命令后,选择需要阵列的对象圆,然后在参数中,需要设置行数、列数、间距等。如图 10 - 18 所示,该阵列为 3 行 4 列,行间距为 15.55 mm,列间距为 15.55 mm。环形阵列和路径阵列的使用方法类似,这里就不再赘述。

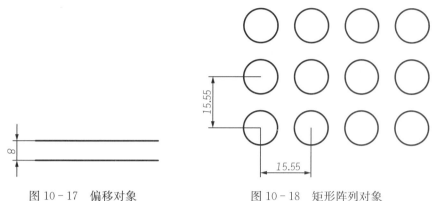

图 10 - 17　偏移对象　　　　　　　图 10 - 18　矩形阵列对象

10.4.6　修剪命令

图 10 - 14 中的▧为修剪命令。以图 10 - 19 为例,单击修剪命令后,直接单击要修剪的圆内的直线,这样就修剪了选中的对象。如果需要修剪圆外部的直线,就直接单击外部的直线。

10.4.7　移动命令

图 10 - 14 中的▧为移动命令,移动命令与复制命令类似,首先需要选中要移动的对象,并指定基点,然后指定第二点,这样就可以移动选中的对象了。移动后,原来的对象就被移动到了新的位置。

10.4.8　旋转命令

图 10 - 14 中的▧为旋转命令,首先单击旋转命令,再选中要旋转的对象,并指定基点,然后指定旋转角度,这样就旋转了选中的对象。旋转后,原来的对象就被旋转到了新的位置。

扫描二维码,
观看演示

10.4.9　缩放命令

图 10 - 14 中的▧为缩放命令,首先选择要缩放的对象,再选择指定基点,然后指定比例因子,这样就缩放了选中的对象。利用缩放命令,可以放大图形,也可以缩小图形。

10.4.10　延伸命令

图 10 - 14 中的▧为延伸命令。以图 10 - 20 为例,单击延伸命令后,直接选择要延伸的对象,即水平直线,这样就将这条水平直线延伸到竖直直线处。

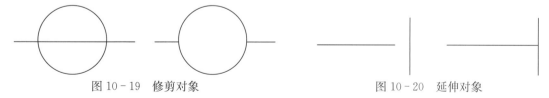

图 10 - 19　修剪对象　　　　　　　　　　　　　　图 10 - 20　延伸对象

10.4.11　倒角命令

图 10 - 14 中的▧为倒角命令。以图 10 - 21 为例,可以通过给定第一个倒角距离和第二个倒角距离,然后选择要倒角的两条直线进行倒角;也可以通过给定角度和第一个倒角距离

来进行倒角。

10.4.12　圆角命令

图 10-14 中的▢为圆角命令。以图 10-22 为例，可以通过给定圆角半径，然后选择要倒圆角的两个对象进行倒圆角。可以进行圆角命令的对象包括直线、圆弧、圆及多段线。

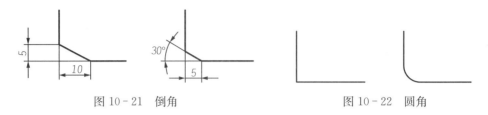

图 10-21　倒角　　　　　　　　　图 10-22　圆角

10.5　文字注写

在用 AutoCAD 绘图时，常常需要进行文字注写。因此汉字和西文的字体都需要符合国家标准。

10.5.1　文字样式

在 AutoCAD 软件中默认的字体样式为"Standard"，绘图时常常需要建立符合国家标准的文字样式，单击"格式"菜单，然后单击"文字样式"，弹出如图 10-23 所示对话框，再单击"新建"按钮，输入新样式名称"GB"，"SHX 字体"选择"gbeitc. shx"，勾选"使用大字体"前面的方框，大字体选择"gbcbig. shx"，接着单击"置为当前"按钮，"GB"就成为当前文字样式。

扫描二维码，
观看演示

图 10-23　文字样式对话框

10.5.2　注写多行文字

在绘图工具栏中找到多行文字图标▲并单击，弹出多行文字编辑器，如图 10-24 所示。多行文字编辑器可以修改字体高度、插入特殊符号等。在注写文字时经常会用到一些特殊字符，例如"％％c"表示直径符号"∅"，"％％d"表示角度符号"°"，"％％p"表示正负符号"±"，"％％％"表示百分符号"％"。

图 10-24 多行文字编辑器

10.6 尺寸标注

在 AutoCAD 软件中,尺寸标注可以通过在命令窗口输入命令、在菜单中选择相应的菜单项、在"标注"工具栏中选择相应的图标按钮来完成。尺寸标注工具栏如图 10-25 所示。在进行尺寸标注前,需要对标注样式进行设置。本节只对部分常用的尺寸标注类型进行介绍。

图 10-25 尺寸标注工具栏

10.6.1 标注样式

在标注尺寸时,尺寸界线、尺寸线、尺寸数值以及文字等都需要通过标注样式来设置。英制单位绘图,常用的标注样式为"Standard"。公制单位绘图,常用的标注样式是"ISO-25"。在实际使用时,也可以建立自己的标注样式以满足实际需求。

以新建一个字高为 3.5 mm 的标注样式为例。单击格式菜单中的标注样式,或如图 10-25 所示的"标注样式"图标,会弹出"标注样式管理器"对话框,如图 10-26 所示,单击"新建"按钮,输入新样式名称"GB-3.5","基础样式"列表中选择"ISO-25","用于"列表选择用于"所有标注"。单击"继续",弹出如图 10-27(a) 所示"新建标注样式"对话框,在"线"选项卡下面,将"基线间距"设置为字高的 2 倍,即输入"7","起点偏移量"设置为"0"。然后单击"符号和箭头"选项卡,如图 10-27(b)所示,"箭头大小"设置为字高的 0.7 倍,即输入"2.5"。再单击"文字"选项卡,如图 10-27(c)所示,"文字式样"选择前面已设置好的样式"GB","文字高度"设置为"3.5","文字对齐"选择"与尺寸线对齐"。再单击"主单位"选项卡,如图 10-27(d)所示,线性标注下"精度"设置为"0.0","小数分隔符"设置为"句点"。单击"确定"完成"GB-3.5"标注样式的基础设置。

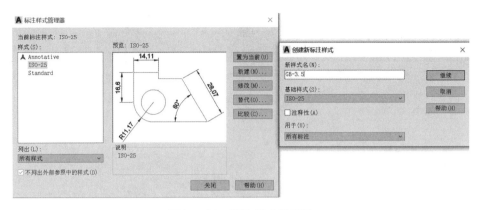

图 10 - 26　标注样式管理器

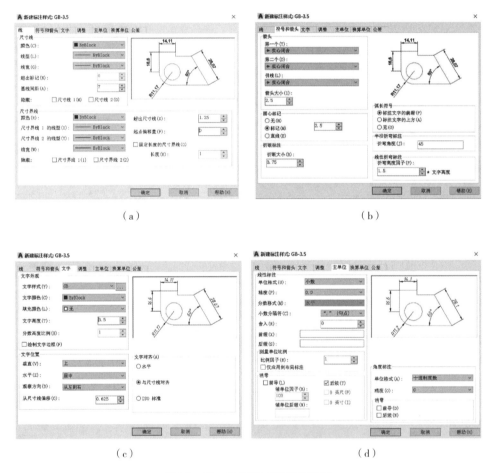

（a）　　　　　　　　　　　　　　（b）

（c）　　　　　　　　　　　　　　（d）

图 10 - 27　标注样式的基础设置

在完成标注样式的基础设置后，还需要建立针对角度的标注样式。角度的标注要求文字水平，因此在"GB-3.5"的标注样式基础上，单击"新建"按钮，创建针对角度的新标注样式，"用于"选择"角度标注"，如图 10 - 28 所示。单击"继续"，弹出如图 10 - 29 所示的对话框,"文字对齐"选择"水平"。

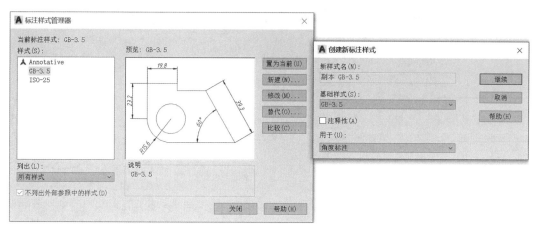

图 10 - 28　建立针对角度的标注样式

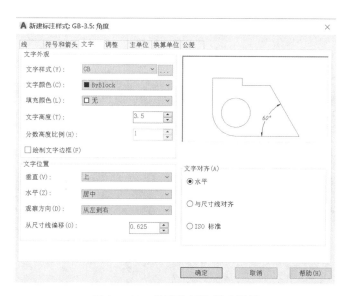

图 10 - 29　角度的标注样式设置

10.6.2　线性标注

线性标注适合标注水平尺寸和竖直尺寸。选择两个端点,进行标注尺寸,如图 10 - 30(a)所示。标注包括尺寸界线、尺寸线和尺寸数字。

10.6.3　对齐线性标注

对齐线性标注适合标注倾斜尺寸。选择两个边界处的对象,进行标注尺寸,如图 10 - 30(b)所示。

10.6.4　半径标注

半径标注适合标注圆弧的半径尺寸。选择圆弧,进行标注尺寸,尺寸前面有半径符号,如图 10 - 30(c)所示。

10.6.5 直径标注

直径标注适合标注圆的直径尺寸。选择圆,进行标注尺寸,尺寸前面有直径符号,如图 10-30(d)所示。

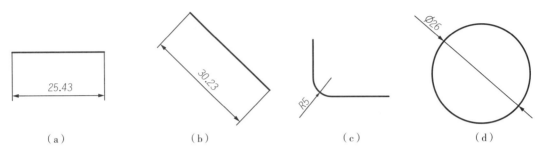

图 10-30 线性标注、对齐线性标注、半径标注和直径标注

10.6.6 角度标注

角度标注适合标注两条直线间的角度和一段圆弧的角度,在数字后面有角度符号,如图 10-31(a)所示。

10.6.7 连续标注

连续标注适合标注多个尺寸,在标注好第一个尺寸后,以第一个尺寸的第二尺寸界线作为后面连续标注的第一尺寸界线,依次标注,如图 10-31(b)所示。

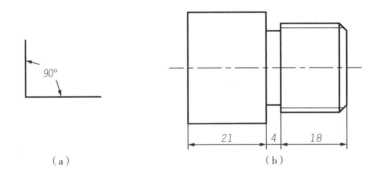

图 10-31 角度标注和连续标注

10.7 图案填充

在"绘图"菜单的下拉菜单中单击"图案填充",弹出图案填充对话框,如图 10-32(a)所示。根据需要选择填充的图案,金属材料的零件选择 ANSI31 图案,可以调整图案的角度和比例,设置好参数后,单击"拾取点"按钮,然后在图 10-32(b)所示图形中矩形和三角形中间的闭合区域内选择一点,并单击鼠标左键,然后按回车键,这样就完成了图案填充。

（a）

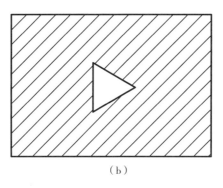

（b）

图 10-32　图案填充

10.8　块的属性、创建和插入

　　块是由很多个对象组成的一个整体，它可以重复使用。本节以表面粗糙
度为例，介绍块的属性以及如何创建块和插入块。为了建立表面粗糙度块，首
先通过直线命令绘制表面粗糙度符号，如图 10-33（a）所示。表面粗糙度的数
值有 3.2、6.3、12.5、25 等，因此需要把这些数值定义为块的属性，以便当插入
块时，可以提示需要输入的表面粗糙度数值。定义属性时，需要单击"绘图"菜
单下的"块"，然后单击"定义属性"，弹出"属性定义"对话框，如图 10-33（b）
所示。"标记"输入"Ra"，"提示"输入"请输入表面粗糙度值"，"默认"输入"Ra3.2"，"文字高
度"输入"3.5"，然后单击"确定"，将属性标记放在表面粗糙度上面直线的左下方，如图 10-
33（c）所示。

扫描二维码，
观看演示

（a）　　　　　　　　　　　　　　（b）　　　　　　　　　　　　（c）

图 10-33　块的属性

　　单击"绘图"菜单下的"块"，然后单击"创建"，弹出"块定义"对话框，如图 10-34（a）所
示，"名称"输入"表面粗糙度"，单击"拾取点"，选中表面粗糙度符号的尖角点，然后单击拾取
对象，选中表面粗糙度符号和数值，单击"确定"，出现"编辑属性"对话框，如图 10-34（b）所
示，单击"确定"，完成创建表面粗糙度块。

（a） （b）

图 10 - 34　块的创建

在创建表面粗糙度块后，可以通过插入块功能向图形中插入不同表面粗糙度数值的符号。如图 10 - 35（a）所示，单击"插入"菜单下的"块选项板"，弹出对话框，如图 10 - 35（b）所示，将需要的块直接拖到图形区，会弹出编辑属性对话框，可以修改表面粗糙度数值，单击"确定"，完成插入块。

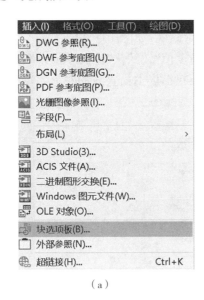
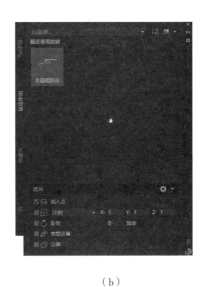

（a） （b）

图 10 - 35　插入块

10.9　应用举例

以图 10 - 36 中所示的填料压盖为例，绘制其零件图。

扫描二维码，
观看演示

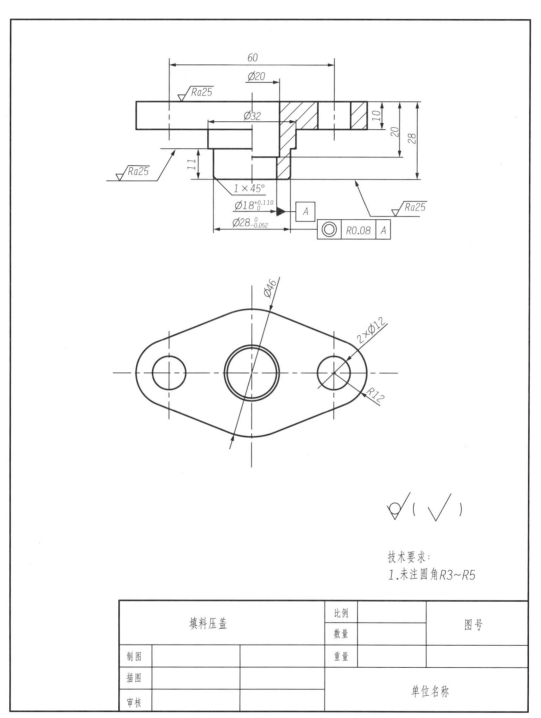

技术要求:
1.未注圆角R3~R5

填料压盖	比例		图号
	数量		
制图		重量	
描图		单位名称	
审核			

图 10-36　填料压盖

绘图步骤如下：

（1）新建公制单位文件。

（2）设置图形界限，在命令行里输入"limits"，指定左下角点(0,0)，指定右上角点(210，297)。

（3）建立图层，包括粗实线、细实线、中心线、虚线、剖面线、文字、尺寸这些图层。

（4）设置文字样式。

（5）设置标注样式。

（6）画图框和标题栏。

（7）分析零件的表达方案，根据零件图尺寸绘制其主视图和俯视图。

（8）进行尺寸标注。

（9）标注表面粗糙度、形位公差和技术要求。

（10）保存.dwg 文件。

思 考 题

10-1　用 AutoCAD 软件绘制题 10-1 图所示的图形，并标注尺寸。

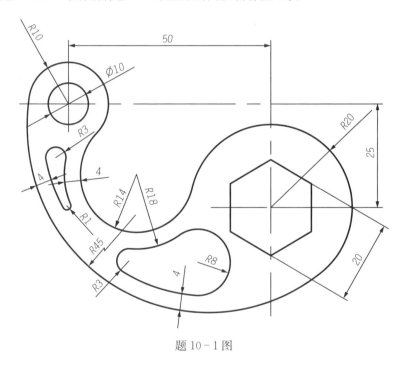

题 10-1 图

10-2　用 AutoCAD 软件绘制题 10-2 图所示的图形,并标注尺寸。

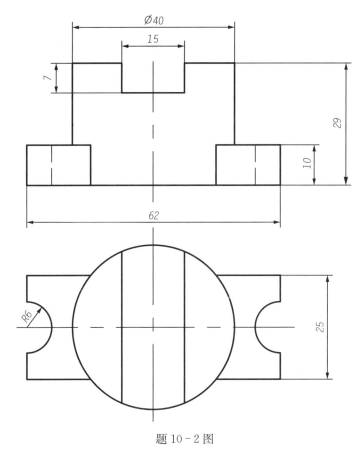

题 10-2 图

10-3　用 AutoCAD 软件绘制题 10-3 图所示的图形,并标注尺寸。

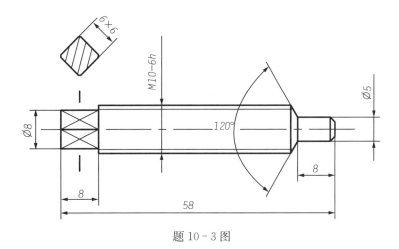

题 10-3 图

第**11**章 计算机三维建模

Unigraphics NX 软件(简称"UG NX")为用户提供了基于过程的产品设计环境,该软件目前被广泛地应用于航空航天、汽车、船舶、机械、家用电器等领域。UG NX 具有强大的实体造型、曲面造型、虚拟装配和生成工程图等功能,通过 UG NX 进行三维建模可以将一些复杂形状的工件非常形象地展现出来。除此之外,它还具有有限元分析、机构运动分析等功能。

本章以 UG NX 10.0 版为软件平台,介绍三维建模的基本知识和方法,主要包括软件环境、观察视图、常用工具、草图、基本体建模、布尔运算工具、关联复制、曲面设计、组合体建模、装配、工程图等。

11.1 软件环境

在安装 UG NX 10.0 软件时,需要注意它不再支持 Windows XP 系统。

可以通过桌面快捷方式或者在程序中找到 UG NX 启动菜单这两种方式启动 UG NX,初始界面如图 11 - 1 所示。在标准工具条中单击"新建"按钮,弹出如图 11 - 2 所示对话框,可以为新建的模型文件进行命名和设置文件夹保存路径。在"模型"选项卡下面可以新建零件模型和装配体模型,在"图纸"选项卡下面可以新建工程图文件。

图 11 - 1 UG NX 的初始界面

11.1.1 菜单栏

新建文件后,"菜单"的下拉菜单中包括文件、编辑、视图、插入、格式、工具、装配、产品制造信息、信息、分析、首选项、窗口、GC 工具箱和帮助这些菜单项,如图 11 - 3 所示。在这些菜单或者其子菜单中可以找到不同的命令和功能。

图 11-2　新建 UG NX 文件

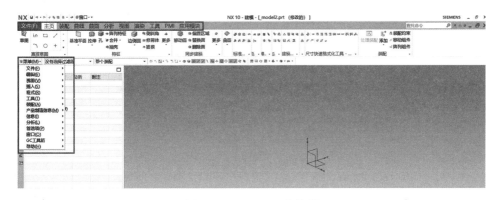

图 11-3　UG NX 菜单栏

11.1.2　工具栏

在图 11-3 的上部可以看到文件、主页、装配、曲线、曲面、分析、视图、渲染、工具、PMI、应用模块等选项卡。单击不同的选项卡，会出现不同的命令选项。例如：单击"应用模块"这个选项卡，会出现建模、制图、钣金等模块。

在工具栏区域空白处单击右键，会弹出如图 11-4 所示的工具栏快捷菜单。如果要显示某一个工具栏，只要在快捷菜单上的相应选项前面单击✔，界面上就会显示相应的工具栏。如果想取消这个工具栏，只要在快捷菜单上的相应位置前面再次单击，✔消失，该工具栏就不显示了。

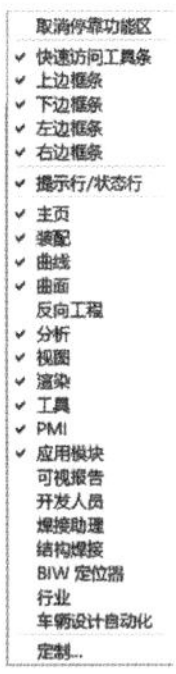

11.1.3　鼠标及操作键

UG NX 支持双键和三键鼠标。鼠标左键可用于选择屏幕上的对象和菜单项，鼠标中键可用于回车，鼠标右键可用于打开一个弹出式菜单。

单击对话框中的功能按钮，"确定"表示执行对话框功能，并关闭对话框；"应用"表示执行对话框功能，不关闭对话框，可多次使用对话框命

图 11-4　工具栏
快捷菜单

令;"取消"表示不执行对话框功能,并关闭对话框。

11.1.4　首选项设置

首选项设置主要用来设置 UG NX 程序的一些控制参数,如图 11-5 所示,可以对建模、草图、装配、制图、用户界面、对象、背景等进行首选项设置。这里以背景设置为例,单击菜单下面"首选项",然后单击"背景",弹出"编辑背景"对话框,可以分别对着色视图和线框视图设置背景颜色,可以以纯色显示,也可以以渐变显示。

图 11-5　背景的首选项设置

11.2　观察视图

用户在设计过程中,常常需要从不同角度观察物体。如图 11-6 所示,可以通过主视图、俯视图、左视图、右视图、仰视图、后视图以及轴测图从多个角度观察物体,也可以通过着色模型和线框模型等观察模型的内部和外部。

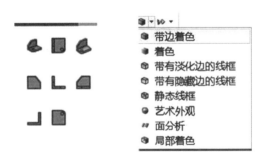

图 11-6　观察视图工具栏

11.3　常用工具

11.3.1　UG NX 坐标系

UG NX 系统中为用户提供了工作坐标系(WCS)和绝对坐标系(Absolute)。工作坐标系是用户当前操作的坐标系,其原点和方位可以改变;绝对坐标系是在整个设计过程中,原点和方位都固定不变的坐标系。系统默认初始的工作坐标系和绝对坐标系是重合的。通过WCS,可以快速转换工作方位,提高建模效率。这些坐标系均满足右手法则。

在菜单下面选择格式,再选择 WCS,子菜单中有"动态""原点""旋转""定向"等选项,如图 11-7 所示。"动态"选项可以通过控制手柄来移动和旋转 WCS。"原点"选项可以通过输入坐标系原点坐标来改变坐标系的位置,坐标轴的方向不变。"旋转"选项可以通过弹出的对话框选取旋转轴以及旋转角度来旋转目前的坐标系。"定向"选项可以通过选择不同类型方式进行定向,类型方式一共有 16 种。

在图 11-7 中,WCS 菜单下面最后两项为"显示"和"保存"。单击"显示"可以将工作坐标系显示出来,单击"保存"则是保存工作坐标系。

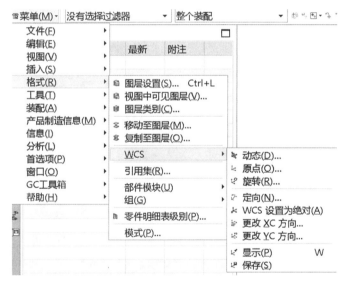

图 11-7　WCS 菜单

11.3.2　层的操作

在 UG NX 建模时,为了区分草图、基准面以及实体等对象,可以利用层进行操作。将不同内容放在不同层内,便于用户管理操作。每个文件都包含 256 层,当前操作层就是工作层。除工作层外的其他层分为仅可见和不可见两种状态。选择菜单中的"格式",弹出子菜单,如图 11-8 所示。选择"格式"菜单中的"图层设置",弹出对话框,如图 11-9 所示。先单击图层,再单击鼠标右键可以更改工作层,此外也可更改各层的工作状态。如果在建模过程中忘记设定层,可以通过"移动至图层"将几何对象移动到指定层上。可以根据设计需要,设置不同图层为工作图层。对于"仅可见"图层的对象,只是可见,不能被选取和编辑。

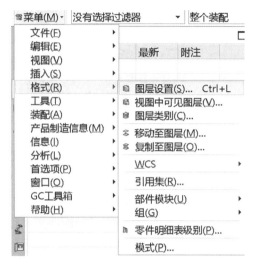

图 11-8　图层菜单

图 11-9　图层设置

11.3.3　移动至层、复制至层

当用户需要调整几何对象的位置,可以通过"移动至图层"或"复制至图层"来实现,具体步骤如下:

(1)选择"格式"菜单中的子菜单"移动至图层"或"复制至图层";

(2)选择要移动或复制的对象;

(3)选定目标层,单击"确定"。

11.3.4　基准工具

在使用 UG NX 进行建模时,经常需要用到基准工具。如图 11-10 所示,"基准/点"工具包括"基准平面""基准轴""基准 CSYS""点"等。建立基准点时,有 14 种类型供选择。建立基准轴时,有 9 种类型供选择。建立基准平面时,有 15 种类型供选择。"基准 CSYS"用以建立基准坐标系,基准坐标系与坐标系的差别是创建基准坐标系时,不仅建立了 WCS,也建立了三个基准面和三个基准轴。

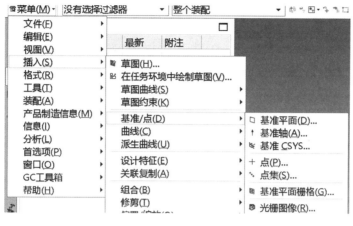

图 11-10　基准工具

11.4　草　图

新建草图后,进入草图环境。草图工具栏如图 11-11 所示,包括绘制点、直线、圆、圆弧、椭圆、多边形、样条曲线、二次曲线、倒斜角、倒圆角、快速修剪、快速延伸、调整曲线大小、调整倒斜角曲线大小、删除曲线、偏置曲线、镜像曲线、阵列曲线、相交曲线、派生曲线、投影曲线等工具。

图 11-11　草图工具栏　　　　　　　　图 11-12　几何约束

在绘制草图图形后,可以通过如图 11-12 所示的"几何约束"功能快速地进行尺寸标注。几何约束包括重合、点在曲线上、相切、平行、垂直、水平、竖直、同心、等长、固定等多种类型。在尺寸标注完成,即几何约束完成时,草图就完全约束。在草图完全约束后,单击"完成草图"。

11.5　基本体建模

11.5.1　简单形体建模

简单形体建模包括块(立方体)、圆柱、圆锥和球,如图 11 - 13 所示。立方体需要输入长度、宽度和高度三个参数。圆柱需要输入直径和高度两个参数,并指定圆心和矢量。圆锥需要输入底部直径、顶部直径和高度三个参数,并指定圆心和矢量。球需要输入直径参数,并指定球心。

（a）立方体对话框

（b）圆柱对话框

（c）圆锥对话框

（d）球对话框

11 - 13　简单形体建模对话框

11.5.2　拉伸特征建模

图 11 - 14 为一拉伸形体,其具体建模步骤如下:

(1) 新建 .prt 文件。

(2) 单击"插入"菜单中的"草图"子菜单。

(3) 在 XY 平面内绘制草图。先单击图标〇绘制两个圆,再单击图标╱绘制两个圆的切线,然后单击图标⟱进行快速剪切,分别选中圆和切线中需要剪切掉的部分。

(4) 单击图标⟍对草图进行几何约束,先选择小圆圆心,并选择图标⅂将小圆圆心固定。然后选择圆和直线,再选择相切约束⟍。

（5）标注尺寸。如果草图工具中已经连续自动标注了尺寸,可以按设计尺寸进行修改。标注两个圆的半径尺寸以及两个圆心的距离。

（6）观察状态栏,当状态栏显示为草图已完全约束,则草图绘制完成,如图 11-14(a)所示。

（7）单击图标█进行拉伸建模,选取草图,给定拉伸方向和拉伸距离,生成如图 11-14(b)所示拉伸模型。

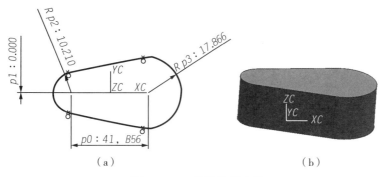

图 11-14　拉伸特征建模

11.5.3　旋转特征建模

图 11-15 为一回转形体,具体建模步骤如下:

（1）新建.prt 文件。

（2）单击"插入"菜单中的"草图"子菜单。

（3）在 XZ 平面内绘制草图。单击图标✍绘制梯形,如有多余的线条,进行快速剪切,选中图标✖将多余的部分剪切掉。

（4）单击图标↖对草图进行几何约束,选择下方直线右端点,并选择图标⊐,将此点固定。然后标注尺寸,需要标注上面直线和下面直线的长度以及上下两直线的高度。如果草图工具中已经连续自动标注了尺寸,可以按设计尺寸进行修改。

（5）观察状态栏,当状态栏显示为草图已完全约束,则草图绘制完成,如图 11-15(a)所示。

（6）单击图标█进行旋转建模,选取草图,选择矢量方向、开始角度和结束角度,生成如图 11-15(b)所示旋转模型。

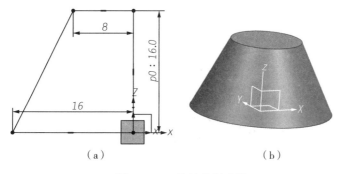

图 11-15　旋转特征建模

11.5.4　凸台特征建模

凸台命令一般用来建立在平面上存在突起的特征。单击菜单栏中"插入"菜单,然后单击"设计特征"下的"凸台"命令,弹出"凸台"对话框,选择平的放置面后,输入直径、高度和锥角,就可以生成凸台,如图 11-16 所示。利用凸台命令可以生成圆柱凸台和圆锥凸台。

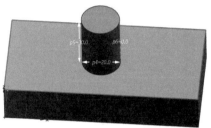

图 11-16　凸台特征建模

11.5.5　腔体特征建模

腔体命令用于切割材料的一类特征。单击"插入"菜单下的"设计特征",然后单击"腔体"命令,弹出腔体对话框,如图 11-17(a)所示。腔体命令可以创建圆柱形腔体、矩形腔体和常规腔体。圆柱形腔体先选取放置平面,弹出"圆柱形腔体"对话框,输入圆柱形腔体的腔体直径、深度、底面半径和锥角,生成的圆柱形腔体如图 11-17(b)所示。矩形腔体先选取放置平面和水平参考,弹出"矩形腔体"对话框,输入矩形腔体的长度、宽度、深度、拐角半径、底面半径和锥角,生成的矩形腔体如图 11-17(c)所示。常规腔体可以定义放置面上的轮廓形状、底面的轮廓形状。通过"常规腔体"对话框,可以选择放置面、轮廓线、深度以及锥角等参数,生成的常规腔体如图 11-17(d)所示。

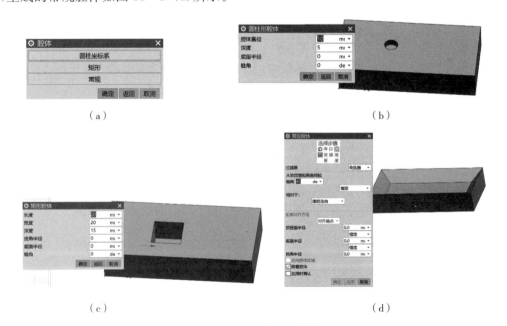

（a）　　　　　　　　　　　　　（b）

（c）　　　　　　　　　　　　　（d）

图 11-17　腔体特征建模

11.5.6　键槽特征建模

　　单击"插入"菜单下的"设计特征",然后单击"键槽"命令,弹出"键槽"对话框。如图 11 - 18(a)所示,键槽包括矩形槽、球形端槽、U 形槽、T 型键槽、燕尾槽等。建立矩形槽时,选择平的放置面和水平参考,弹出矩形键槽对话框,如图 11 - 18(b)所示,输入矩形槽的长度、宽度和深度参数,生成矩形槽。建立球形端槽时,选择平的放置面和水平参考,弹出"球形键槽"对话框,输入球形端槽的球直径、深度和长度参数,生成球形端槽,如图 11 - 18(c)所示。建立 U 形槽时,选择平的放置面和水平参考,弹出"U 形槽"对话框,输入 U 形槽的宽度、深度、拐角半径和长度参数,生成 U 形槽,如图 11 - 18(d)所示。建立 T 型键槽时,选择平的放置面和水平参考,弹出"T 型键槽"对话框,输入 T 型键槽的顶部宽度、顶部深度、底部宽度、底部深度和长度参数,生成 T 型键槽,如图 11 - 18(e)所示。建立燕尾槽时,选择平的放置面和水平参考,弹出"燕尾槽"对话框,输入燕尾槽的宽度、深度、角度和长度参数,生成燕尾槽,如图 11 - 18(f)所示。

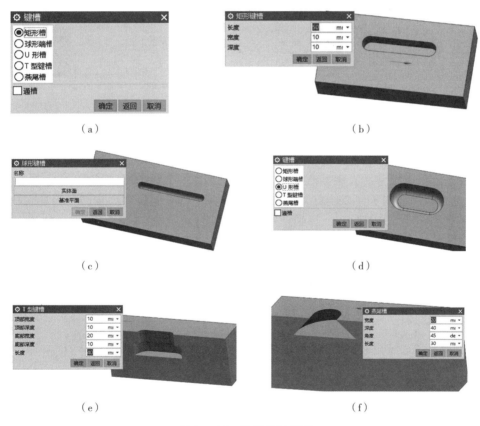

图 11 - 18　键槽特征建模

11.5.7　槽特征建模

　　槽命令主要用于在回转体上创建类似于车槽效果的槽。单击"插入"菜单下的"设计特征",然后单击"槽"命令,弹出"槽"对话框。如图 11 - 19(a)所示,槽包括矩形槽、球形端槽和 U 形槽。单击"矩形",弹出"矩形槽"对话框,输入槽直径和宽度参数,创建矩形槽,如图 11 -

19(b)所示。单击"球形端槽",弹出"球形端槽"对话框,输入槽直径和球直径参数,创建球形端槽,如图 11 - 19(c)所示。单击"U 形槽",弹出"U 形槽"对话框,输入槽直径、宽度和拐角半径参数,创建 U 形槽,如图 11 - 19(d)所示。

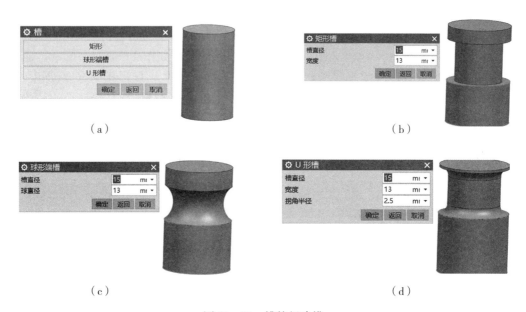

图 11 - 19　槽特征建模

11.5.8　螺纹特征建模

螺纹是零件上很常见的一类结构。单击"插入"菜单下的"设计特征",然后单击"螺纹"命令,弹出对话框如图 11 - 20(a)所示。螺纹类型分为符号螺纹和详细螺纹两种,符号螺纹产生的是修饰螺纹,以虚线显示;详细螺纹效果如图 11 - 20(b)所示。在"螺纹"对话框中,需要输入螺纹的小径、长度、螺距、角度参数,并选择螺纹旋向。

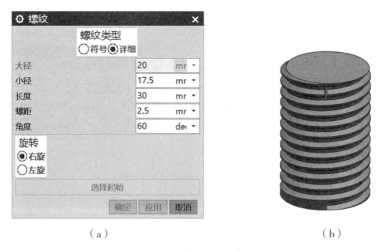

图 11 - 20　螺纹特征建模

11.5.9　孔特征建模

孔是零件中非常常见的切割特征。单击"插入"菜单下的"设计特征"，然后单击"孔"命令，弹出"孔"对话框，如图 11-21(a)所示。孔的类型包括常规孔、钻形孔、螺钉间隙孔、螺纹孔、孔系列。"常规孔"可以创建简单孔、沉头孔、埋头孔和锥孔，需要指定草图绘制孔点以及尺寸。"钻形孔"可以使用 ISO 或 ANSI 标准创建简单的钻形孔。"螺钉间隙孔"可以创建简单孔、沉头孔、埋头孔。简单孔效果如图 11-21(b)所示。

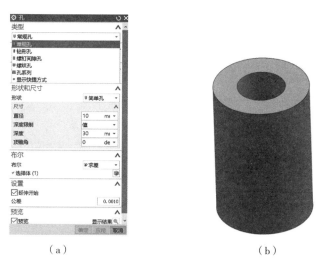

（a）　　　　　　　　　　　　（b）

图 11-21　孔特征建模

11.6　布尔运算工具

工程实际中，很多零件都是由多个简单形体组合而成的，因此需要将简单形体通过布尔运算合并、减去和相交(简称"并减交")实现。UG NX 软件为用户提供了并减交操作命令，如图 11-22 所示。以一个圆柱和一个球为例，图 11-23 为圆柱和球并减交后的效果。

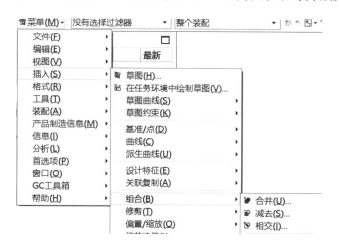

图 11-22　并减交操作命令

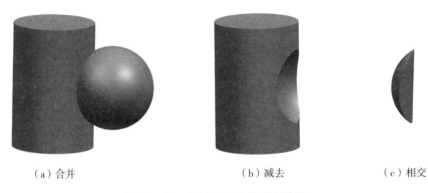

（a）合并　　　　　　　　　　　（b）减去　　　　　　　　（c）相交

图 11-23　圆柱和球的并减交效果

11.7　关联复制

　　实体特征可以进行关联复制。关联复制主要包括镜像特征、阵列特征以及抽取几何特征等操作。

11.7.1　镜像特征

　　镜像特征是指对某个指定特征进行镜像复制。首先单击"插入"菜单下的"镜像特征"，选择"要镜像的特征"，然后选择"镜像平面"进行镜像复制。如图 11-24（a）所示，"选择特征"可以直接选择实体上的孔，也可以通过软件左侧的部件导航器选择孔特征，"镜像平面"选择现有平面，即图 11-24（b）中的参考平面，单击"确定"后，左侧孔特征通过镜像，生成了右侧的孔。镜像特征不仅可以对实体进行镜像复制，也可以对曲线和曲面进行镜像复制。而镜像几何体不能镜像曲线和曲面。镜像特征与镜像几何体相比较，镜像特征可以镜像单独的特征，而镜像几何体只能镜像实体的特征。

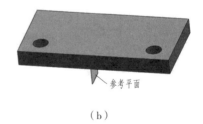

（a）　　　　　　　　　　　　　　　（b）

图 11-24　镜像特征

11.7.2　阵列特征

阵列特征是指按一定规律复制一个或多个特征,建立特征阵列。单击"插入"菜单下的"关联复制",然后单击"阵列特征",弹出"阵列特征"对话框,如图 11 - 25(a)所示。阵列特征有线性阵列、圆形阵列、多边形阵列、螺旋式阵列、沿阵列、常规阵列等多种形式,其中线性阵列和圆形阵列是非常常用的。以图 11 - 25(b)为例,在立方体中加工了一个孔,选择孔特征和线性阵列,选择阵列方向 1 的方向,并输入沿阵列方向 1 阵列的数量和节距,然后选择阵列方向 2 的方向,并输入沿阵列方向 2 阵列的数量和节距,线性阵列的效果如图 11 - 25(c)所示。再以图 11 - 25(d)为例,在圆柱中加工了一个孔,"选择特征"选择实体中的孔特征,"阵列定义"中的"布局"选择"圆形",指定点和矢量,输入圆形阵列的数量和节距角参数,圆形阵列的效果如图 11 - 25(e)所示。

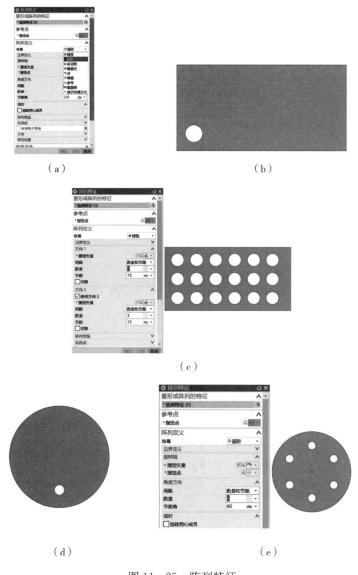

（a）　　　　　　　　　　　　　　（b）

（c）

（d）　　　　　　　　　　　　　　（e）

图 11 - 25　阵列特征

11.7.3　抽取几何特征

抽取几何命令是指从当前实体中抽取需要的点、线、面以及体特征。通过抽取几何特征，可以得到与源对象相同的特征。

11.8　曲面设计

UG NX 为用户提供了多种建立曲面的方法，本节选择其中的几种方法进行介绍，主要包括直纹面、通过曲线组和扫掠。

11.8.1　直纹面

直纹面是指选两组线串，两组线串之间以直线相连的方式构造成一个曲面。在"插入"菜单下的"网格曲面"中找到"直纹面"命令，弹出如图 11 - 26(a)所示的对话框，先选择"截面线串 1"，再选择"截面线串 2"，即可生成曲面或实体。如果截面线串不闭合，则生成曲面；如果截面线串闭合，则生成实体。截面线串有两种生成方式，一种是通过"插入"菜单下的"曲线"子菜单建立曲线，另一种是在草图环境下绘制截面线。如图 11 - 26(b)所示为两组截面线串，通过直纹面命令生成的直纹面如图 11 - 26(c)所示。

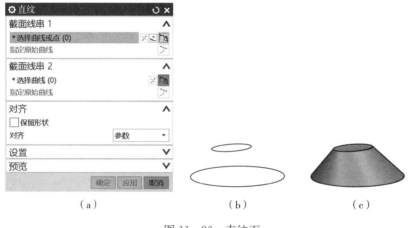

(a)　　　　　　　　　　　(b)　　　　　　　　　(c)

图 11 - 26　直纹面

11.8.2　通过曲线组

通过曲线组是指通过一系列曲线建立曲面或实体，可以通过曲线或草图建立截面线串。在"插入"菜单下的"网格曲面"中找到"通过曲线组"命令，弹出如图 11 - 27(a)所示的对话框。选择截面曲线时，需要注意曲线的矢量方向保持一致，因此需要注意选择曲线的位置。如果曲线组中的曲线方向不一致，会发生扭曲的情况。由图 11 - 27(b)的曲线组所生成的曲面如图 11 - 27(c)所示。通过曲线组生成曲面最多可以选择 150 条截面线串。

11.8.3　扫掠

扫掠是指将轮廓线沿空间某一路径扫过而生成曲面或实体。轮廓线为截面线，扫掠路径称为引导线，最多有 3 根引导线。单击"插入"菜单下的"扫掠"，弹出如图 11 - 28(a)所示的对话框，需要选择截面线和引导线才能创建扫掠特征。图 11 - 28(b)为创建的截面线和引导线,截面线为 L 形。通过扫掠命令,创建的特征如图 11 - 28(c)所示。

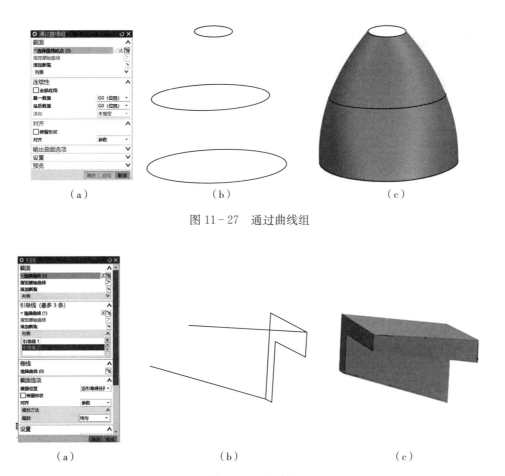

（a）　　　　　　　　（b）　　　　　　　　（c）

图 11 - 27　通过曲线组

（a）　　　　　　　　（b）　　　　　　　　（c）

图 11 - 28　扫掠

11.9　组合体建模

11.9.1　简单组合体建模

如图 11 - 29(a)所示为一个组合体,它由左边部分、中间部分和右边部分组成,其具体建模过程如下：

（1）新建.prt 文件。

（2）建立中间部分的草图并拉伸,生成中间部分的模型,如图 11 - 29(b) 所示。

（3）建立右边部分的草图并拉伸,生成右边部分的模型,选中右边部分和中间部分的模型,单击图标●将两部分模型合并在一起,如图 11 - 29(c)所示。

（4）建立左边部分的草图并拉伸,生成左边部分的模型,选中左边部分、右边部分和中间部分的模型,单击图标●将三部分模型合并在一起,如图 11 - 29(d) 所示。

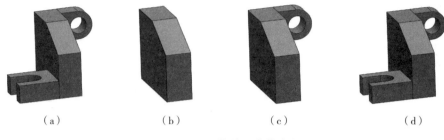

（a）　　　　　　　（b）　　　　　　　（c）　　　　　　　（d）

图 11-29　简单组合体建模

11.9.2　零件建模举例

以图 4-10 的轴承盖工程图为例，通过形体分析法进行读图，可以分析出这个零件由四个部分组成，包括竖放耳板、半圆柱以及左右对称的两个耳板。在通过 UG NX 建模时，也是按照这四个部分的设计尺寸分别建模，最后通过布尔运算工具并合并成一个整体，具体建模过程如下：

扫描二维码，
观看演示

（1）新建 .prt 文件。

（2）建立轴线正垂的圆柱，圆柱内部挖切一个轴线正垂的圆柱孔。在圆柱上方通过草图拉伸挖方槽，然后从上往下挖切贯通圆柱孔。如图 11-30(a)所示。

（3）建立竖放耳板的草图，绘制图 4-10 中竖放耳板的主视图，将其拉伸，如图 11-30(b)所示。

（4）建立右侧耳板的草图，绘制图 4-10 中右侧耳板的俯视图，将其拉伸，如图 11-30(c)所示。

（5）通过镜像特征，将右侧耳板镜像，得到左侧耳板。将竖放耳板、半圆柱以及左右两个耳板通过布尔合并操作，合成一个整体，该轴承盖三维模型建立完成，如图 11-30(d)所示。

（a）　　　　　　　　　　　　　　（b）

（c）　　　　　　　　　　　　　　（d）

图 11-30　轴承盖建模

11.10　装　配

UG NX 的装配模块可通过虚拟的模型验证产品的外形、装配等功能。这不仅可以减少产品分析修改的时间,也可以通过装配导航树来了解装配过程。装配可以是零件与零件的装配,也可以是零件与子装配体的装配。

11.10.1　装配步骤

装配的主要步骤如下:

(1) 新建一个装配体文件。

(2) 选择"菜单"中的"装配",然后单击"组件"中的"增加组件",选取需要添加到装配体中的零件。

(3) 添加其他零件,并将零件间的位置关系确定下来。

11.10.2　装配的配合类型

装配的配合类型主要分为以下几种:

(1) ╫——两个连接表面是平面,采用该约束,它们共面且法线方向相反;

(2) ╬——两个连接表面是平面,采用该约束,它们共面且法线方向相同;

(3) ∠——通过角度确定两个零件位置关系;

(4) ∥——两个对象的方向矢量相互平行;

(5) ⊥——两个对象的方向矢量相互垂直;

(6) ╫╫——两个对象的中心对齐;

(7) ⊥↓——两个对象的空间最小距离;

(8) ⊁——两个对象相切;

(9) ◎——同心,将一个对象定位到另一个对象的中心上,其中一个对象必须是圆柱或轴类零件。

11.10.3　装配举例

以图 9-1 的球阀为例,用 UG NX 将零件建模并装配,呈现效果如图 11-31 所示。

在进行装配体建模前,需要先将球阀全部零件进行建模。然后建立装配体文件,在"新建文件"对话框中,选择装配,进入装配体环境。添加第一个组件——阀体,如图 11-32 所示,选择要打开的文件目录,定位选择"绝对原点"。继续添加组件,一般选择"通过约

图 11-31　球阀装配体建模

束"来定位。该装配体有两条装配线,从图 9-1 中的主视图来看,装配线一条是水平方向,另一条是竖直方向。阀盖和阀体用四个双头螺柱和螺母配合,需要用"接触对齐"中的自动判断中心/轴线来约束,如图 11-33 所示。阀体竖直方向上装配有阀杆,阀杆下部凸块嵌入阀芯凹槽,这需要用到"接触对齐"约束。在阀体和阀杆之间加进填料垫、中填料和上填料,再旋入填料压紧套,这些也需要用到"接触对齐"约束。

图 11 - 32　添加组件　　　　　　　　图 11 - 33　接触对齐约束

11.11　工程图

　　由三维零件或装配体模型生成工程图时,首先需要单击"文件"菜单下的"新建"子菜单,弹出对话框,如图 11 - 34 所示。然后单击"图纸"选项卡,可以看到符合国家标准的各种图幅模板,根据零件或装配体的尺寸选择适合的工程图模板,选择好存储文件夹,输入工程图文件名称,单击"确定",新建工程图文件。以图 11 - 29 的简单组合体模型为例,可以通过如图 11 - 35 所示的视图创建向导建立工程图,通过视图创建向导可以选择不可见线的线型和线宽、合适的工程图比例,可以根据视图方向选择需要的视图,还可以选择视图布局。工程图视图如图 11 - 36 所示,利用制图工具栏的快速尺寸功能,可以将尺寸标注完整,如图 11 - 37 所示。也可以根据实际情况,标注表面粗糙度等技术要求。

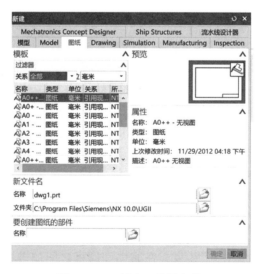

图 11 - 34　新建工程图文件

（a）部件

（b）选项

（c）方向

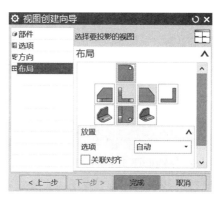

（d）布局

图 11 - 35　工程图视图创建向导

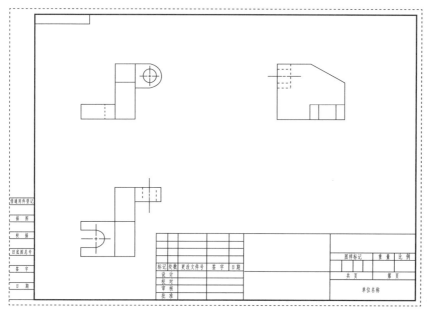

图 11 - 36　工程图视图

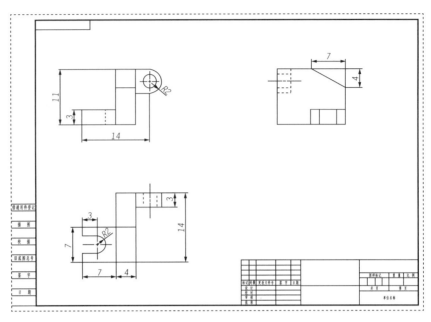

图 11-37　工程图标注尺寸

　　UG NX 中工程图有多种剖视图,以图 6-5 所示的零件为例,在 UG NX 中对其进行主视图全剖。首先新建工程图文件。单击基本视图按钮🖼,选择所需的基本视图,然后单击投影视图按钮🖼,分别向下和向右投影,得到俯视图和左视图,如图 11-38(a)所示。从图中可以看到被遮挡的线没有用虚线表示,需要进行设置。单击视图外的矩形框,然后单击右键,选择"设置",将隐藏线的线型选为虚线,如图 11-38(b)所示。三视图的效果如图 11-38(c)所示。单击剖视图按钮🖼,选择俯视图中前后对称面为剖切位置,从前往后看,向主视图方向作投影,得到主视图的全剖视图,如图 11-38(d)所示。然后对视图表达方案进行优化,将主视图删除,只保留主视图的全剖视图,该图已经将内部孔槽表达清楚,因此应该将左视图中的虚线去掉,单击左视图外的矩形框,然后单击右键,选择"设置",将隐藏线的线型改为不可见。最终的工程图表达方案如图 11-38(e)所示。

　　UG NX 工程图也可以绘制半剖的表达方案,图 11-39(a)为一个零件的三维模型,该模型的基本三视图如图 11-39(b)所示,由于该零件为左右对称形体,而且零件内部有孔槽,因

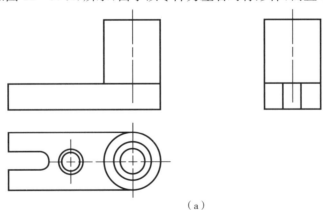

(a)

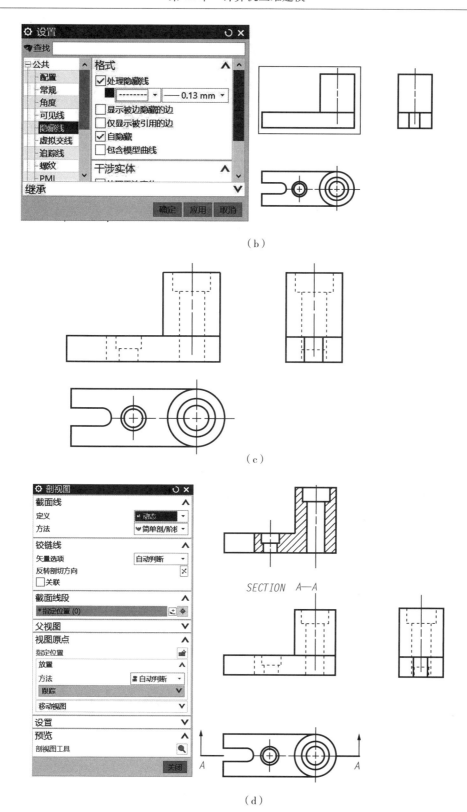

（b）

（c）

SECTION A—A

（d）

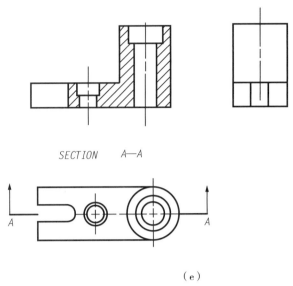

SECTION   A—A

（e）

图 11-38　主视图全剖

此主视图采用半剖视图,既能表达其外形,又能表达其内形。通过选择剖视图的半剖视图,选中过俯视图圆心位置的剖切位置,对主视图进行半剖,如图 11-39(c)所示。

　　UG NX 工程图还可以绘制局部剖的表达方案,图 11-40(a)为一个零件的主视图和俯视图,该模型由底板和上方圆柱组成。底板和圆柱内部有圆柱孔。当需要局部剖开底板处的圆柱孔时,需要选择主视图,单击右键,选择"展开",如图 11-40(b)所示。此时只能看到主视图,通过"样条"命令,在需要局部剖的孔的周围绘制一个封闭的样条曲线,如图 11-40(c)所示。绘制好封闭样条曲线后,再次单击"展开",退出主视图。然后单击"局部剖"命令,第一步选择需要局部剖的视图,即主视图;第二步选择基点,即俯视图中需要剖切的孔的圆心;第三步选择矢量方向;第四步选择绘制好的样条曲线,局部剖绘制完成。如图 11-40(d)所示。

　　通过 UG NX 出工程图快速、方便、正确,可以提高工作效率。工程图中提供的基本视图、各种剖视图、局部放大图可以满足各种表达方案的需要。使用者需要结合零件或装配体的实际结构特点,选择合适的表达方案。初学者可以通过视图创建向导绘制工程图,也可以通过基本视图和投影视图相结合来绘制工程图。

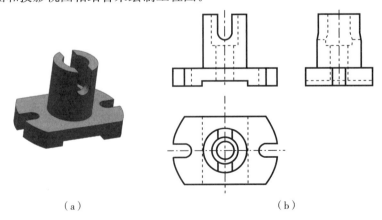

（a）　　　　　　　　　　　　　　　　　　　（b）

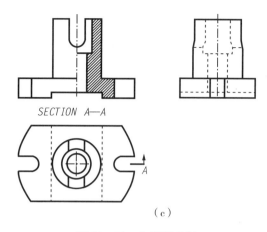

SECTION A—A

（c）

图 11-39 主视图半剖

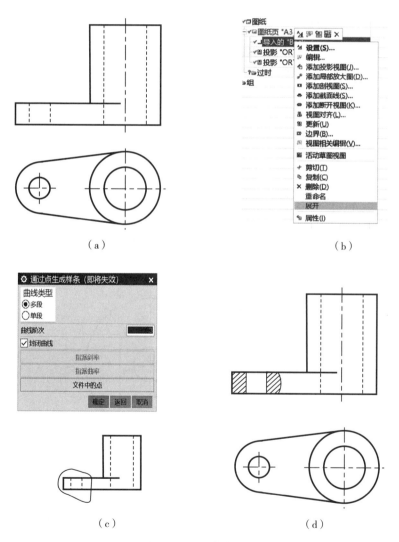

（a）

（b）

（c）

（d）

图 11-40 局部剖视图

思 考 题

11-1　根据题 11-1 图的图形尺寸绘制该轴类零件的三维模型,并生成工程图。

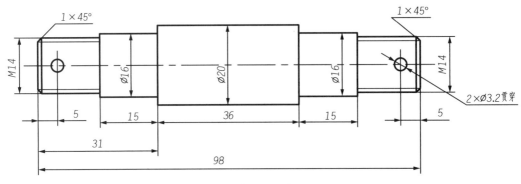

题 11-1 图

11-2　根据题 11-2 图的图形尺寸绘制该组合体的三维模型,并生成工程图。

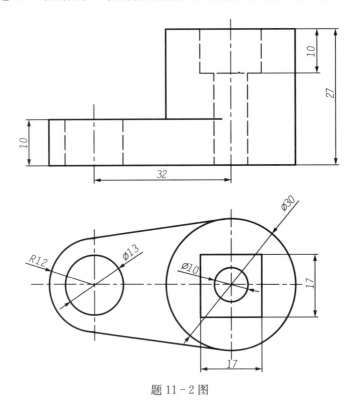

题 11-2 图

11-3　根据题 11-3 图的图形尺寸绘制该组合体的三维模型,并生成工程图。

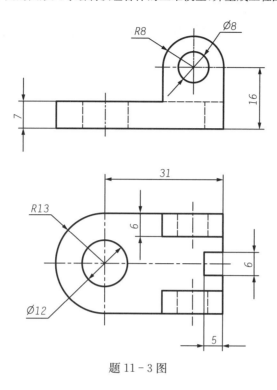

题 11-3 图

11-4　根据题 11-4 图的图形尺寸绘制该组合体的三维模型,并生成工程图。

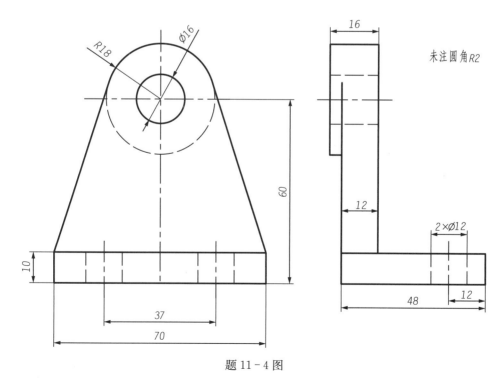

题 11-4 图

11-5　已知六角头螺栓的规格为 M12×60,建立其三维模型。

11-6　设计一个螺丝刀,建立其三维模型。

11-7　设计一个洗发水瓶子,要求瓶身和瓶盖能够装配在一起,建立其三维模型并装配。

附　录

附录1　螺　纹

P——螺距

D、d——内、外螺纹的大径

D_1、d_1——内、外螺纹的小径

D_2、d_2——内、外螺纹的中径

标记示例:公称直径为 12 mm,螺距为 1 mm 的细牙普通螺纹,标记为

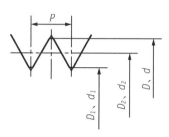

$$M12\times1$$

附表1　普通螺纹的直径、螺距和基本尺寸　　　　　　　　单位:mm

公称直径 D、d		螺距 P		粗牙小径 D_1、d_1
第一系列	第二系列	粗牙	细牙	
3		0.5	0.35	2.459
	3.5	(0.6)	0.35	2.850
4		0.7	0.5	3.242
	4.5	(0.75)	0.5	3.688
5		0.8	0.5	4.134
6		1	0.75	4.917
8		1.25	1,0.75	6.647
10		1.5	1.25, 1, 0.75	8.376
12		1.75	1.25, 1	10.106
	14	2	1.5,(1.25),1	11.835
16		2	1.5,1	13.835
	18	2.5	2, 1.5,1	15.294
20		2.5	2, 1.5,1	17.294
	22	2.5	2, 1.5,1	19.294
24		3	2, 1.5,1	20.752
	27	3	2, 1.5,1	23.752
30		3.5	(3),2, 1.5, 1	26.211
36		4	3,2, 1.5	31.670
	39	4	3,2, 1.5	34.670
42		4.5	4,3,2, 1.5	37.129
	45	4.5	4,3,2, 1.5	40.129

续表

公称直径 D、d		螺 距 P		粗牙小径 D_1、d_1
第一系列	第二系列	粗牙	细牙	
48		5	4,3,2,1.5	42.587
	52	5	4,3,2,1.5	46.587
56		5.5	4,3,2,1.5	50.046

优先选用第一系列直径,其次选择第二系列直径,尽可能避免选用括号内的螺距。

附录2　螺　栓

六角头螺栓　C级　　　　　　　　　　六角头螺栓　A和B级
（摘自 GB/T 5780—2016）　　　　　　（摘自 GB/T 5782—2016）

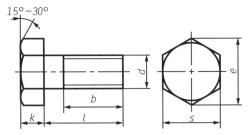
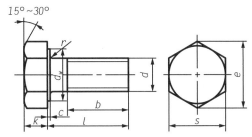

标记示例:螺纹规格 d＝M12,公称长度 l＝80 mm,性能等级为 8.8 级,表面氧化,产品等级为 A 级的六角头螺栓,其标记为

螺栓　M12×80

附表2　六角头螺栓的部分尺寸　　　　　　　　　　单位:mm

螺纹规格 d			M3	M4	M5	M6	M8	M10	M12	M16	M20	M24
b （参考）	$l\leqslant125$		12	14	16	18	22	26	30	38	46	54
	$125<l\leqslant200$		18	20	22	24	28	32	36	44	522	60
	$l>200$		31	33	35	37	41	45	49	57	65	73
c			0.4	0.4	0.5	0.5	0.6	0.6	0.6	0.8	0.8	0.8
d_w	产品 等级	A	4.57	5.88	6.88	8.88	11.63	14.63	16.63	22.49	28.19	33.61
		B,C	4.45	5.74	6.74	8.74	11.47	14.47	16.47	22	27.7	33.25
e	产品 等级	A	6.01	7.66	8.79	11.05	14.38	17.77	20.03	26.75	33.53	39.98
		B,C	5.88	7.50	8.63	10.89	14.20	17.59	19.85	26.17	32.95	39.55
k（公称）			2	2.8	3.5	4	5.3	6.4	7.5	10	12.5	15
r			0.1	0.2	0.2	0.25	0.4	0.4	0.6	0.6	0.8	0.8
s（公称）			5.5	7	8	10	13	16	18	24	30	36
l（商品规格范围）			20~30	25~40	25~50	30~60	40~80	45~100	50~120	65~160	80~200	90~240
l 系列			10,12,16,20,25,30,35,40,45,50,55,60,65,70,80,90,100,120,130,140,150,160,180, 200,220,240									

附录 3　双头螺柱

双头螺柱　A 型
$b_m = d$（摘自 GB/T 897—1988）
$b_m = 1.5d$（摘自 GB/T 899—1988）

双头螺柱　B 型
$b_m = 1.25d$（摘自 GB/T 898—1988）
$b_m = 2d$（摘自 GB/T 900—1988）

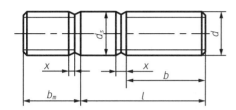

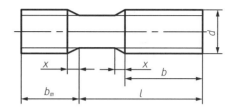

附表 3　双头螺柱的部分尺寸　　　　单位:mm

螺纹规格 d	b_m（公称）				d_s(max)	x	l / b
	GB/T 897	GB/T 898	GB/T 899	GB/T 900			
M5	5	6	8	10	5		$(16\sim22)/10, (25\sim50)/16$
M6	6	8	10	12	6		$(20\sim22)/10, (25\sim30)/14, (32\sim75)/18$
M8	8	10	12	16	8		$(20\sim22)/12, (25\sim30)/16, (32\sim90)/22$
M10	10	12	15	20	10		$(25\sim28)/14, (30\sim38)/16, (40\sim120)/26, 130/32$
M12	12	15	18	24	12		$(25\sim30)/16, (32\sim40)/20, (45\sim120)/30, (130\sim180)/36$
M16	16	20	24	32	16	$2.5P$	$(30\sim38)/20, (40\sim55)/30, (60\sim120)/38, (130\sim200)/44$
M20	20	25	30	40	20		$(35\sim40)/25, (45\sim65)/35, (70\sim120)/46, (130\sim200)/52$
M24	24	30	36	48	24		$(45\sim50)/30, (55\sim75)/45, (80\sim120)/54, (130\sim200)/60$
M30	30	38	45	60	30		$(60\sim65)/40, (70\sim90)/50, (95\sim120)/66, (130\sim200)/72, (210\sim250)/85$
M36	36	45	54	72	36		$(65\sim75)/45, (80\sim110)/60, 120/78, (130\sim200)/84, (210\sim300)/97$
l 系列	12,(14),16,(18),20,(22),25,(28),30,(32),35,(38),40,45,50,(55),60,(65),70,(75),80,(85),90,(95),100,110,120,130,140,150,160,170,180,190,200,210,220,230,240,250,260,280,300						

附录4 螺 钉

开槽沉头螺钉(摘自 GB/T 68—2016)

无螺纹部分杆径约等于螺纹中径或允许等于螺纹大径

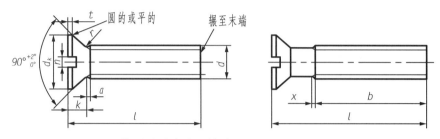

开槽圆柱头螺钉(摘自 GB/T 65—2016)

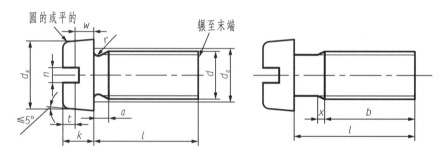

开槽盘头螺钉(摘自 GB/T 67—2016)

无螺纹部分杆径约等于螺纹中径或允许等于螺纹大径

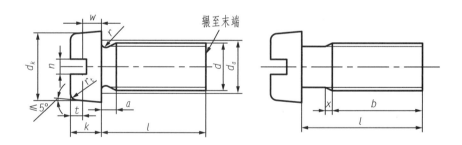

附表4 螺钉的部分尺寸 单位:mm

螺纹规格 d		M1.6	M2	M2.5	M3	M4	M5	M6	M8	M10
GB/T 65—2016	a	0.7	0.8	0.9	1	1.4	1.6	2	2.5	3
	b	25	25	25	25	38	38	38	38	38
	d_a	2	2.6	3.1	3.6	4.7	5.7	6.8	9.2	11.2
	d_k	3	3.8	4.5	5.5	7	8.5	10	13	16
	k	1.1	1.4	1.8	2	2.6	3.3	3.9	5	6
	n	0.4	0.5	0.6	0.8	1.2	1.2	1.6	2	2.5

螺纹规格 d		M1.6	M2	M2.5	M3	M4	M5	M6	M8	M10
GB/T 65—2016	r	0.1	0.1	0.1	0.1	0.2	0.2	0.25	0.4	0.4
	t	0.8	0.85	0.9	1.0	1.1	1.3	1.6	2	2.4
	w	0.4	0.5	0.7	0.75	1.1	1.3	1.6	2	2.4
	x	0.9	1	1.1	1.25	1.75	2	2.5	3.2	3.8
	l	2~16	3~20	3~25	4~30	5~40	6~50	8~60	10~80	12~80
GB/T 67—2016	a	0.7	0.8	0.9	1	1.4	1.6	2	2.5	3
	b	25	25	25	25	38	38	38	38	38
	d_k	3.2	4	5	5.6	8	9.5	12	16	20
	d_a	2	2.6	3.1	3.6	4.7	5.7	6.8	9.2	11.2
	k	1	1.3	1.5	1.8	2.4	3.0	3.6	4.8	6
	n	0.4	0.5	0.6	0.8	1.2	1.2	1.6	2	2.5
	r	0.1	0.1	0.1	0.1	0.2	0.2	0.25	0.4	0.4
	r_t	0.5	0.6	0.8	0.9	1.2	1.5	1.8	2.4	3
	t	0.35	0.5	0.6	0.7	1	1.2	1.4	1.9	2.4
	w	0.3	0.4	0.5	0.7	1	1.2	1.4	1.9	2.4
	x	0.9	1	1.1	1.25	1.75	2	2.5	3.2	3.5
	l	2~16	2.5~20	3~25	4~30	5~40	6~50	8~60	10~80	12~80
GB/T 68—2016	a	0.7	0.8	0.9	1	1.4	1.6	2	2.5	3
	b	25	25	25	25	38	38	38	38	38
	d_k	3.6	4.4	5.5	6.3	9.4	10.4	12.6	17.3	20
	k	1	1.2	1.5	1.65	2.7	2.7	3.3	4.65	5
	n	0.4	0.5	0.6	0.8	1.2	1.2	1.6	2	2.5
	r	0.4	0.5	0.6	0.8	1	1.3	1.5	2	2.5
	t	0.5	0.6	0.75	0.85	1.3	1.4	1.6	2.3	2.6
	x	0.9	1	1.1	1.25	1.75	2	2.5	3.2	3.8
	l	2.5~16	3~20	4~25	5~30	6~40	8~50	8~60	10~80	12~80
l 系列		2,2.5,3,44,5,6,8,10,12,(14),16,20,25,30,35,40,45,50,(55),60,(65),70,(75),80									

附录5　螺　母

1 型六角螺母　C 级(摘自 GB/T 41—2016)

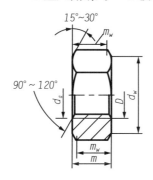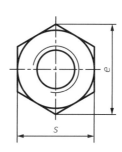

1型六角螺母(摘自 GB/T 6170—2015)

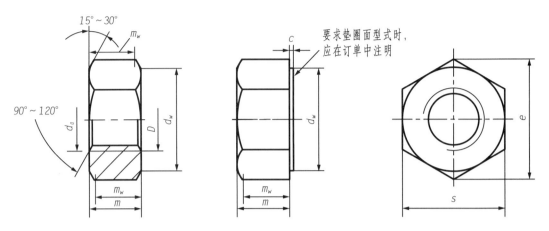

标记示例:螺纹规格为 M12,性能等级为 5 级,表面不经处理,产品等级为 C 级的 1 型六角螺母,其标记为

螺母 GB/T 41 M12

附表5 1型六角螺母(C级)部分尺寸 单位:mm

螺纹规格 D	M5	M6	M8	M10	M12	M16	M20	M24	M30	M36	M42
d_w	6.7	8.7	11.5	14.5	16.5	22	27.7	33.3	42.8	51.1	60
e	8.63	10.89	14.2	17.59	19.85	26.17	32.95	39.55	50.85	60.79	71.3
m	5.6	6.4	7.9	9.5	12.2	15.9	19	22.3	26.4	31.9	34.9
m_w	3.5	3.7	5.1	6.4	8.3	11.3	13.5	16.2	19.4	23.2	25.9
s	8	10	13	16	18	24	30	36	46	55	65

附表6 1型六角螺母部分尺寸 单位:mm

螺纹规格 D	M1.6	M2	M2.5	M3	M4	M5	M6	M8	M10	M12
c	0.2	0.2	0.3	0.4	0.4	0.5	0.5	0.6	0.6	0.6
d_a	1.84	2.3	2.9	3.45	4.6	5.75	6.75	8.75	10.8	13
d_w	2.4	3.1	4.1	4.6	5.9	6.9	8.9	11.6	14.6	16.6
e	3.41	4.32	5.45	6.01	7.66	8.79	11.05	14.38	17.77	20.03
m	1.3	1.6	2	2.4	3.2	4.7	5.2	6.8	8.4	10.8
m_w	0.8	1.1	1.4	1.7	2.3	3.5	3.9	5.2	6.4	8.3
s	3.2	4	5	5.5	7	8	10	13	16	18

附录6 垫 圈

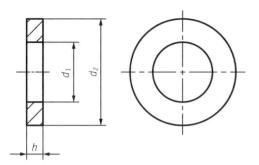

平垫圈　A 级(摘自 GB/T 97.1—2002)
倒角型　A 级(摘自 GB/T 97.2—2002)
小垫圈　A 级(摘自 GB/T 848—2002)
标记示例:标准系列,规格 8 mm、性能等级为 140HV 级、倒角型、不经表面处理的平垫圈标记为

垫圈　GB/T 97.2　8

附表7　垫圈的部分尺寸　　　　　　　单位:mm

规格(螺纹大径 d)	d_1			d_2			h		
	GB/T 97.1	GB/T 97.2	GB/T 848	GB/T 97.1	GB/T 97.2	GB/T 848	GB/T 97.1	GB/T 97.2	GB/T 848
1.6	1.7		1.7	4		3.5	0.3		0.3
2	2.2		2.2	5		4.5	0.3		0.3
2.5	2.7		2.7	6		5	0.5		0.5
3	3.2		3.2	7		6	0.5		0.5
4	4.3		4.3	9		8	0.8		0.5
5	5.3	5.3	5.3	10	10	9	1	1	1
6	6.4	6.4	6.4	12	12	11	1.6	1.6	1.6
8	8.4	8.4	8.4	16	16	15	1.6	1.6	1.6
10	10.5	10.5	10.5	20	20	18	2	2	2
12	13	13	13	24	24	20	2.5	2.5	2.5
14	15	15	15	28	28	24	2.5	2.5	2.5
16	17	17	17	30	30	28	3	3	3
20	21	21	21	37	37	34	3	3	3
24	25	25	25	44	44	39	4	4	4
30	31	31	31	56	56	50	4	4	4
36	37	37	37	66	66	60	5	5	5

附录7 销

圆柱销(摘自 GB/T 119.1—2000)

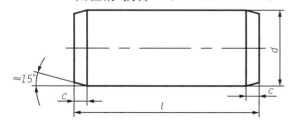

标记示例:公称直径 $d=6$ mm,公差为 m6,公称长度 $l=30$ mm,材料为钢,不经淬火,不经表面处理的圆柱销标记为
销　GB/T 119.1　6m6×30

附表 8　圆柱销的部分尺寸　　　　　　　　　　　　单位:mm

d	4	5	6	8	10	12	16	20	26	30	40	50
$c\approx$	0.63	0.80	1.2	1.6	2	2.5	3	3.5	4	5	6.3	8
l	8～40	10～50	12～60	14～80	18～95	22～140	26～180	35～200	50～200	60～200	80～200	95～200
l 系列	6,8,10,12,14,16,18 20,22,24,26,28,30,32,35,40,50,55,60,65,70,75,80,85,90,95,100,120,140,160,180,200											

圆锥销(摘自 GB/T 117—2000)

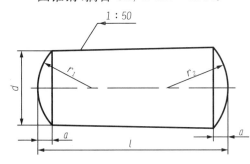

标记示例:公称直径 $d=6$ mm,长度 $l=60$ mm,材料为 35 钢,热处理硬度为 28～38HRC,表面氧化处理的 A 型圆锥销标记为

销　GB/T 117　6×60

附表 9　圆锥销的部分尺寸　　　　　　　　　　　　单位:mm

d	4	5	6	8	10	12	16	20	25	30
$c\approx$	0.5	0.63	0.8	1	1.2	1.6	2	2.5	3	4
l	14～55	18～60	22～90	22～120	26～160	32～180	40～200	45～200	50～200	55～200
l 系列	2,3,4,5,6,8,10,12,14,16,18 20,22,24,26,28,30,32,35,40,45,50,55,60,65,70,75,80,85,90,95,100,120,140,160,180,200									

开口销(摘自 GB/T 91—2000)

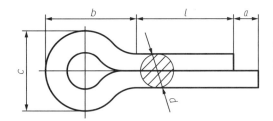

标记示例:公称直径 $d=5$ mm,长度 $l=60$ mm,材料为低碳钢,不经表面处理的开口销标记为

销　GB/T 91　5×60

附表 10　开口销的部分尺寸　　　　　　　　　　　　单位:mm

	公称	0.6	0.8	1	1.2	1.6	2	2.5	3.2	4	5	6.3	8	10	13	16
d	max	0.5	0.7	0.9	1	1.4	1.8	2.3	2.9	3.7	4.6	5.9	7.5	9.5	12.4	15.4
	min	0.4	0.6	0.8	0.9	1.3	1.7	2.1	2.7	3.5	4.4	5.7	7.3	9.3	12.1	15.1
c	max	1	1.4	1.8	2	2.8	3.6	4.6	5.8	7.4	9.2	11.8	15	19	24.8	30.8
	min	0.9	1.2	1.6	1.7	2.4	3.2	4	5.1	6.5	8	10.3	13.1	16.6	21.7	27
$b\approx$		2	2.4	3	3	3.2	4	5	6.4	8	10	12.6	16	20	26	32
a	max	1.6	1.6	1.6	2.5	2.5	2.5	2.5	3.2	4	4	4	4	6.3	6.3	6.3
	min	0.8	0.8	0.8	1.25	1.25	1.25	1.25	1.6	2	2	2	2	3.15	3.15	3.15

续表

1(商品规格范围)	4～12	5～16	6～20	8～26	8～32	10～40	12～50	14～65	18～80	22～100	30～120	40～160	45～200	70～200	112～250
1系列	4,5,6,8,10,12,14,16,18 20,22,24,26,28,30,32,36,40,45,50,55,60,65,70,75,80,85,90,95,100,120,140,160,180,200,224,250														

附录8 键

普通平键(摘自 GB/T 1096—2003)

A 型   B 型   C 型

标记示例:

$b=16$ mm,$h=10$ mm,$l=100$ mm 的圆头普通平键(A 型):   键 GB/T 1096 16×100

$b=16$ mm,$h=10$ mm,$l=100$ mm 的平头普通平键(B 型):   键 GB/T 1096 B16×100

$b=16$ mm,$h=10$ mm,$l=100$ mm 的单圆头普通平键(C 型): 键 GB/T 1096 C16×100

附表 11   普通平键的部分尺寸   单位:mm

b	2	3	4	5	6	8	10	12	14	16	18	20	22	25
h	2	3	4	5	6	7	8	8	9	10	11	12	14	14
c 或 r	0.16～0.25			0.25～0.40			0.40～0.60					0.60～0.80		
l	6～20	6～36	8～45	10～56	14～70	18～90	22～110	28～140	36～160	45～180	50～200	56～220	63～250	70～280
l 系列	6,8,10,12,14,16,18 20,22,25,28,32,36,40,45,50,63,70,80,90,100,110,125,140,160,180,200,220,250,280													

键槽的剖面尺寸(摘自 GB/T 1095—2003)

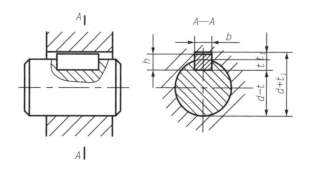

附表 12　键槽的部分尺寸　　　　　　　　单位：mm

轴径 d			自6 ~8	>8 ~10	>10 ~12	>12 ~17	>17 ~22	>22 ~30	>30 ~38	>38 ~44	>44 ~50	>50 ~58	>58 ~65	>65 ~75	>75 ~85
键的公称尺寸		b	2	3	4	5	6	8	10	12	14	16	18	20	22
		h	2	3	4	5	6	7	8	8	9	10	11	12	14
键槽	深度	t	1.2	1.8	2.5	3.0	3.5	4.0	5.0	5.0	5.5	6.0	7.0	7.5	9.0
		t_1	1.0	1.4	1.8	2.3	2.8	3.3	3.3	3.3	3.8	4.3	4.4	4.9	5.4
	半径 r	最小	0.08			0.16			0.25					0.40	
		最大	0.16			0.25			0.40					0.60	

参考文献

［1］钱自强,林大钧,郭慧. 大学工程制图［M］. 2 版. 上海:华东理工大学出版社,2013.

［2］胡琳. 工程制图(英汉双语对照)［M］. 北京:机械工业出版社,2016.

［3］林大钧. 实验工程制图［M］. 北京:化学工业出版社,2009.

［4］朱辉,单鸿波,曹桃,等. 画法几何及工程制图［M］. 7 版. 上海:上海科学技术出版社,2013.

［5］马惠仙,钱自强,蔡祥兴. 简明工程制图［M］. 2 版. 上海:华东理工大学出版社,2017.

［5］钟家麒,钟晓颖. 工程图学(中英双语)［M］. 北京:高等教育出版社,2006.